宁夏大学优秀学术著作出版基金资助
宁夏高等学校一流学科建设（水利学科）项目（NXYLXK2017A03）资助

宁夏旱区压砂地土壤退化机理及甜瓜水肥模型研究

沈　晖　著

中国矿业大学出版社

内 容 简 介

针对宁夏压砂地土壤退化和水肥利用效率低等实际问题,采用多学科交叉研究,理论和试验相结合,室内试验和小区试验相结合的技术路线,以回归通用旋转组合设计、对比方法、计算机数值模拟方法为手段,对压砂地土壤退化机理、甜瓜需水需肥规律、水肥耦合效应和平衡施肥进行了系统研究,阐明宁夏不同年限压砂地土壤性质的动态规律以及剖面中的分布和移动特征,揭示膜下滴灌条件下非充分水分条件需水需肥规律,建立水肥耦合模型和平衡施肥模型,为宁夏压砂瓜水肥高效利用和压砂地持续提供技术支撑和理论依据。

图书在版编目(CIP)数据

宁夏旱区压砂地土壤退化机理及甜瓜水肥模型研究/
沈晖著. —徐州:中国矿业大学出版社,2018.4
　　ISBN 978-7-5646-3943-3

　　Ⅰ.①宁… Ⅱ.①沈… Ⅲ.①甜瓜—肥水管理—研究
Ⅳ.①S652

中国版本图书馆 CIP 数据核字(2018)第 078544 号

书　　名	宁夏旱区压砂地土壤退化机理及甜瓜水肥模型研究
著　　者	沈　晖
责任编辑	杨　洋
出版发行	中国矿业大学出版社有限责任公司
	(江苏省徐州市解放南路　邮编 221008)
营销热线	(0516)83885307　83884995
出版服务	(0516)83885767　83884920
网　　址	http://www.cumtp.com　E-mail:cumtpvip@cumtp.com
印　　刷	江苏凤凰数码印务有限公司
开　　本	787×1092　1/16　印张 7.25　字数 200 千字
版次印次	2018 年 4 月第 1 版　2018 年 4 月第 1 次印刷
定　　价	29.00 元

(图书出现印装质量问题,本社负责调换)

前　言

　　本书针对宁夏压砂地土壤退化和水肥利用效率低等实际问题,采用多学科交叉研究,理论和试验相结合,室内试验和小区试验相结合的技术路线,以回归通用旋转组合设计、对比方法、计算机数值模拟方法为手段,对压砂地土壤退化机理、甜瓜需水需肥规律、水肥耦合效应和平衡施肥进行了系统研究,为宁夏压砂瓜水肥高效利用和压砂地持续利用提供技术支撑和理论依据。现将主要研究成果概括如下:

　　(1)针对压砂地土壤退化问题,通过分层取样比较不同年限压砂地土壤理化性质、微生物、酶活性变化规律及在土体的垂直分布特征,分析压砂地退化机理。结果表明,压砂时间的长短对土壤性质的影响程度不同,总体表现为压砂时间越长,对土壤性质影响越大;土壤容重和田间持水率之间呈显著负相关;土壤有机质、碱解氮、速效磷、速效钾、脲酶活性及磷酸酶活性均随压砂年限的增大呈现显著的下降趋势,且0～20 cm土层的含量显著高于下层;土壤肥力之间存在一定的相关关系,脲酶和磷酸酶与有机质、碱解氮、速效磷、速效钾呈极显著正相关;压砂地土壤退化的原因主要表现在土壤养分衰退、土壤微生物酶活性下降、砂土混合、施肥不合理、长期施用农药及塑料地膜引起土壤污染等方面。

　　(2)针对压砂地甜瓜的最优补灌问题,对甜瓜需水规律、产量及水分生产函数模型进行了研究。结果表明:甜瓜产量与需水量之间呈二次抛物线趋势变化,随着需水量的增加,产量随之增加;当增加到一定程度时,产量反而逐渐下降,呈报酬递减规律;同时建立了压砂地甜瓜生育阶段水分生产函数模型,计算得出各生育阶段水分敏感指数按开花坐果期、伸蔓前期、膨大前期、伸蔓后期、膨大中期、膨大后期依次降低,其变化规律与甜瓜的需水规律相一致,在开花坐果期、伸蔓前期和膨大前期需保证水分需要,其他阶段可适当减少补水量。

　　(3)针对压砂地甜瓜水肥利用效率较低的问题,进行了膜下滴灌水肥耦合效应试验,研究了不同水肥耦合水平对新砂地甜瓜产量的影响,并建立了非充分水肥耦合回归模型。结果表明:各因素对产量的影响顺序为灌溉定额＞需磷量＞需氮量,灌溉定额与需磷量的交互作用较显著;经模型寻优,得出不同目标产量下的水、氮、磷最佳组合方案。

　　(4)针对压砂地土壤退化和养分失衡的问题,分别在不同年限压砂地进行了平衡施肥效应试验,研究了非充分补灌条件下氮磷钾不同用量配比对甜瓜产量的影响,并建立了相应的回归模型。结果表明:氮磷钾均有利于甜瓜果实的发育,三因素中对产量影响最大的是磷,其次是氮和钾。因素之间交互作用均不显著;经采用多元回归和频率分析方法,得出不同目标产量下的氮、磷、钾最佳组合方案。

作　者

2017 年 10 月

目　　录

第 1 章 绪 论

1.1 引言

我国是一个干旱缺水较严重的国家,水资源总量 2.8 万亿方,世界排名第六位,但人均水资源不足 2 100 m^3,约为世界平均水平的 28%,是全球 13 个人均水资源最贫乏的国家之一[1];水资源和降水时空分布严重不均衡,其中有 2/3 左右是洪水径流,淡水资源主要集中在南方,北方仅占南方的 1/4。近 20 年来受到全球性气候变暖的影响,黄河、淮河、辽河和海河等流域水量明显减少,北方部分流域水资源已经从周期性短缺变成绝对性短缺。西北干旱区是我国水资源短缺最严重的地区之一,水资源总量约 1 979 × 10^8 m^3,占全国的 5.84%,其中可利用的水资源量约为 1 364 × 10^8 m^3,人均水资源占有量约为 1 573 m^3,人均和地均水资源占有量分别约为全国水平的 68% 和 27%[2-3]。随着人口增长和经济社会发展对水资源需求的进一步增加,西北干旱区水资源问题将会更加突出,影响也更加深刻。

宁夏位于西北干旱半干旱地区,三面环绕沙漠,干旱少雨,风大沙多,当地水资源极度匮乏。宁夏南部水土流失严重,中部土地荒漠化加剧,人畜饮水困难,生态环境非常恶劣。北部引黄灌区虽有"塞上江南"生态景观,但盐碱化和水资源浪费严重。随着黄河下游每年存在断流威胁,呼吁宁夏引黄灌区压减引水指标,沙漠绿洲也面临干旱威胁。水资源已成为宁夏经济社会发展的主要瓶颈,也已成为第一资源和战略资源。发展节水灌溉是推动传统农业向现代农业转变的战略性措施,是田间用水的一场革命。所以节水灌溉和水资源高效利用是宁夏现代化农业可持续发展的必然选择,也是宁夏建设节水型社会的必然选择。节水灌溉在宁夏不仅非常必要,而且非常迫切。

压砂瓜是宁夏中部干旱带上同心、海原、中卫环香山地区农民与干旱长期斗争,为了适应干旱少雨以及盐碱不毛之地,针对区域条件和气候条件特别适宜瓜类生长的特点,将直径为 2～5 cm 的冲积粗砂和砾石掺杂的天然混合材料平铺于地面 10～15 mm 厚,独创出一种种植西甜瓜的旱作农业种植模式[4]。利用砂砾铺压地表,不仅具有蓄水、减少蒸发、增温、抑盐和保墒效果,还能避免水蚀、风蚀和减少水土流失。同时,砂石中含有人体必需的锌、硒等微量元素,为西甜瓜积聚大量天然维生素、葡萄糖、氨基酸和多种微量元素提供了独特的自然条件,通过压砂使原本没有利用价值的旱沙地变成了可种植西甜瓜的宝地[5]。2003 年前,宁夏中卫市环香山地区由于受资金、技术、政策和销售等因素的制约影响,并且缺乏有效的组织和引导,压砂瓜产业一直处于自发零散的发展状态,种植面积、生产规模及受益群众相对较少,当地农民生活相当贫困[6]。2004 年,宁夏确定中卫市香山硒砂瓜基地为首批无公害农产品示范基地;到 2005 年,压砂瓜种植面积发展到近 30 万亩[5];到 2008 年,已发展到 100 万亩。目前,随着种植面积的不断扩大,压砂瓜已经成为当地农民脱贫困、治穷致富的支柱产业,当地老百姓称之为"拔穷根"工程[4,7]。

然而随着产业的快速发展,也带来了诸多问题和制约因素。到 2007 年初,压砂地土壤退化、甜瓜产量与水分亏缺的响应关系、水分耦合效应关系、平衡施肥等问题还不十分清楚。如果以膜下滴灌技术为切入点,研究压砂瓜退化机理、建立甜瓜水分生产函数模型、水肥耦合效应及平衡施肥配方,水肥耦合模型及补水施肥专家系统,从而为合理利用水资源和提高压砂地的生产能力提供理论依据,这对大力发展硒砂瓜产业,解决贫困地区的环保问题、生态农业问题、水资源可持续问题和"三农"问题具有重大的现实意义。

1.2　土壤退化的研究现状及发展趋势

土壤退化是指在各种自然,特别是人为因素影响下所发生的导致土壤的农业生产能力或土地利用和环境调控潜力,即土壤质量及其可持续性下降(包括暂时性的和永久性的)甚至完全丧失其物理的、化学的和生物学特征的过程,包括过去的、现在的和将来的退化过程,是土地退化的核心部分[8-9];土壤质量则是指土壤的生产力状态或健康状况,特别是维持生态系统的生产力和持续土地利用及环境管理、促进动植物健康的能力[10-20,263];土壤质量的核心是土壤生产力,其基础是土壤肥力;土壤质量的下降往往是一个自然和人为因素综合作用的动态过程[16-18]。根据退化性质,土壤退化可分为物理退化、化学退化和生物退化三类;根据退化程度可分为轻度、中度、强度和极度四类[14-20];根据土壤退化的表现形式可分为显性退化和隐性退化两类。

1.2.1　土壤退化的研究现状

20 世纪 30 年代初期,美国就对农地荒芜问题进行了大量的开拓性研究[21];20 世纪 70 年代联合国粮农组织(FAO)首次提出"土壤退化"概念并在 1990 年出版了《土地退化》专著,1990 年《土壤退化》著作问世[22];1974 年国际地理学会(IAG)专门组织召开了"荒漠化"专题研讨会;1977 年在肯尼亚第一次召开了有关土地退化的全球性会议。随后,由 UNEP 和 FAO 资助,Oldeman 和 Dregne 等开展了全球土壤退化评价 GLASOD(Global Assessment of SoilDegradation)、编制 1∶1 000 万世界土壤退化图、干旱土地荒漠化评估等工作,取得了很大的进展;1993 年 FAO 等又召开了国际土壤退化会议,并决定开展热带亚热带地区国家级土壤退化和土壤 SOTER(土壤和地体)数字化数据库试点;1994 年在墨西哥召开了第 15 届国际土壤学大会,会上有关热带亚热带地区的土壤退化问题备受重视并成为会议关注的焦点,许多科学家预测今后 20 年热带亚热带土壤将有 1/3 耕地沦为荒地,117 个国家粮食将大幅度减产,并呼吁加强土壤退化治理及相关研究;这次会议在土壤退化的概念和发生机理、土壤退化评价指标体系和模型、土壤退化的动态监测、土壤退化数据库的建立、退化系统演变和时空分布的动态模拟及预测、土壤退化的恢复重建等研究领域又取得了新的进展,土壤退化真正引起了国际学术界的广泛关注[12-22]。随后,在 1996 年和 1999 年国际土壤联合会又分别在土耳其和泰国举行了以土地退化为主题的第一届、第二届国际土地退化会议,会上决定成立土壤退化研究工作组专门研究土壤退化问题[23]。

我国早在 20 世纪 50 年代,开始致力于丘陵山区土壤侵蚀防治、红壤酸化防治、土壤肥力恢复等方面的研究,其研究范围和深度都有较大的局限。1982 年龚子同首次提出"土壤退化"的含义,并指出"土壤退化是中国农业现代化的一个重大问题"[24]。随后土壤学界集中开展了中国热带亚热带地区土壤退化研究工作,并取得了较系统的研究资料。1990年中国科协学会总部在厦门召开了全国土地退化学术研讨会,并出版了《中国土地退化防治研究》论文集,以此拉开了国内大规模土壤退化研究工作的序幕;之后,中国参与了国际上由UNEP和国际土壤参比信息中心组织的全球土壤退化评价国际合作计划,并在国内首次采用了国际先进的组合图方法编制了中国土壤退化图,推进了中国土壤退化研究的国际合作[25,263]。众多研究工作者在中科院南京土壤所的组织下围绕国家"八五"科技攻关专题"南方红壤退化机制及防治措施研究"、国家自然科学重点基金项目"我国东部红壤地区土壤退化的时空变化、机理及调控对策的研究"展开了多方面的研究,通过在各典型区开展野外调查、田间连续观测、实验室分析模拟等工作,初步提出了土壤退化的概念、机理、基本过程、调控对策、改良措施及土壤退化的评价指标体系和分级标准,并利用GIS、RS、ES等现代信息技术建立了科学的数学模型和动态更新的土壤退化数据库,编制了中国典型区土壤退化图,为今后进一步的研究打下了良好的基础。

在这期间,国内在土壤退化方面的研究工作主要包括:初步阐明了土壤退化特别是红壤退化的机理、过程、演变规律等;在土壤退化制图方面,充分利用典型区定位观测和遥感资料编制了东部红壤区1:400万土壤侵蚀图和土壤侵蚀退化分区图,通过计算南方土壤的可蚀性系数 K,编制了相关图件;在土壤退化评价指标体系方面,建立了南方红壤区土壤肥力数据库,初步提出了土壤肥力退化评价指标体系,尝试进行了土壤肥力退化评价[26-29],总结了我国南方农田养分平衡近10年的变化规律及其与土壤肥力退化的关系,探讨了红壤有机碳库的消长与转化及腐殖质组成性质的变化规律;研究了南方红壤的酸化特征、时空变化规律,进行了相应的分区和分级;研究了退化红壤的肥力恢复重建技术,提出了防止红壤退化的相应调控对策和模式[27-28];在西南地区,结合流域治理,通过在金沙江干热河谷区、岷江上游地区、云贵川石漠化山区及西藏退化草场区等严重的土壤退化分布区开展综合研究,提出了在水蚀、干热和石灰岩溶地质等脆弱生态条件下防治土壤侵蚀的一整套改良技术措施[26-31]。在西北地区,通过开展黄土高原土壤侵蚀和水土流失防治研究、干旱土壤沙漠化和盐渍化防治研究等工作,大大推进了干旱地区土壤退化的研究深度。

在宁夏中部干旱带,除了本项目"西北干旱地区压砂地持续利用关键技术研究与示范"研究人员开展过压砂地土壤肥力衰减的研究报道外,未见其他同类研究报道;王占军[32]、许强[33]、胡景田[34]等对不同种植年限压砂地土壤微生物区系、酶活性和土壤理化性状的影响进行了研究,结果表明,压砂种植能蓄水保墒,防止土壤次生盐碱化,但连续种植微生物总数减少,土壤脲酶活性随着压砂年限的延长呈下降趋势;土壤有机碳、全氮、碱解氮和速效钾随着压砂年限的延长呈下降趋势。为了改善连作障碍研究砂田轮作模式对土壤微生物区系的影响,赵亚慧[35]认为西瓜与南瓜轮作能有效调节土壤微生物区系,有利于微生物群落的多样性和稳定性的提高。本书针对土壤在物理、化学及微生物方面的退化问题进行了研究。

1.2.2 土壤退化的发展趋势

土壤退化是一个非常综合和复杂的具有时间上的动态性和空间上的各向异性以及高度非线性特征的过程;因地域差异,土壤退化主导因子、学术评论退化机理和退化过程等也有很大差别,土壤退化研究所面临的任务也不尽一致[25-31]。我国在土壤退化方面的研究虽然

取得了一定的有特色的进展,但与发达国家相比,整体上还处于初步阶段。今后应加强以下几个方面的研究工作[8-29]:

(1) 研究土壤退化过程、机理及影响因素的研究,着重研究土壤侵蚀、土壤肥力衰减、土壤酸化、土壤污染及土壤盐渍化等主要退化形式的发生条件、过程、影响因子(包括自然的和社会经济的)及其相互作用机理;

(2) 研究土壤退化指标与评价体系,主要包括用于评价不同土壤退化类型的单项和综合评价指标、分级标准、阈值和弹性、定量化的和综合的评价方法及模型等;

(3) 研究土壤退化状况评价,主要包括对重点区域和国家在不同尺度水平上的土壤及土地退化的类型、范围及退化程度的评价,并进行分类区划,为退化土地整治提供依据;

(4) 研究土壤与土地退化动态监测、动态数据库及其管理信息系统,主要包括土壤退化监测网点或基准点的选建、3S技术和信息网络及尺度转换等现代技术和手段的应用与发展、土壤退化属性数据库和GIS图件及其动态更新和土壤退化趋向的模拟预测与预警等;

(5) 研究退化土壤生态系统的恢复与重建,主要包括运用生态经济学原理及专家系统等技术,研究开发用于不同土壤退化类型区、以持续农业为目标的土壤和环境综合整治决策支持系统与优化模式,退化土壤质量恢复重建的关键技术及其集成运用的试验示范研究等工作,为土壤退化防治提供决策咨询和示范。

1.3 作物水分生产函数模型的研究现状及发展趋势

1.3.1 作物水分生产函数模型的研究现状

作物水分生产函数模型也称为作物—水模型,是作物生长过程中各阶段水分状况对产量影响的数学描述[36-38]。随着节水农业研究的不断深入,作物水分生产函数的研究越来越受到人们的重视,从20世纪初,国内外学者从不同角度入手探讨水分与作物产量之间的关系,建立了许多作物水分生产函数模型[39-40]。总体分为以下两类。

1.3.1.1 静态模型

该类模型是直接将作物最终产量表示成生育期内腾发量的函数关系,通过对试验数据进行回归分析得到。模型虽然计算简单,所需的实测数据又较少,但模型参数具有地域性和时域性差异,一般是经验型或半经验型的;根据作物产量和腾发量之间的关系,这类模型又分为全生育期水分生产函数模型和生育阶段水分生产函数模型[36-40]。

1.3.1.1.1 全生育期作物水分生产函数模型

全生育期作物水分生产函数反映产量和全生育期腾发量的关系,代表性的模型有线性模型、非线性模型、Hiler-Clark模型(1971)、Hanks模型(1974)、D-K(1975)、Stewart(1977)、H-C模型(1971)和Rajput模型(1986)等,这些模型均未考虑作物不同生育阶段对水分敏感性的差异,这也是该类模型的不足之处。

1.3.1.1.2 生育阶段作物水分生产函数模型

生育阶段作物水分生产函数反映产量和全生育期各阶段腾发量的关系,它考虑了作物不同生育阶段对水分敏感性的差异,其形式有相加模型和相乘模型两种。代表性的加法模型主要有Blank(1975)、Howell(1975)、Singh(1978)等,这些模型只是将各生育阶段腾发量对产量的影响进行简单叠加,在某生育阶段因受旱致使作物死亡绝产的情况下,利用此类模型仍能算出产量,显然不够合理,因此这类模型不适合在干旱地区应用[36]。

乘法模型根据不同地区、不同作物和不同阶段划分,通过试验来确定作物各个生育阶段敏感指数的大小,在一定程度上克服了相加模型存在的缺陷。典型乘法模型有 Jensen(1968)、Minhas(1974)、Hanks、Rao(1988)等模型[41-43],可适合在干旱半干旱地区应用。大量研究表明,Jensen 模型在国内有着广泛的适用性。针对 Jensen 模型中的敏感指数及变化规律,国内学者在不同的地区对不同作物开展了大量的研究[37,44]。王修贵等提出了作物对水分亏缺的敏感性指标的定义,并以 Doorebos 模型、Jensen 模型和 Blank 模型等常见作物水分生产函数模型为基础,导出了各种敏感性指标的计算公式,最后根据水稻试验资料,分析了敏感性指标的变化规律[45]。丛振涛等对 Jensen 模型进行了改造,提出了水分敏感指数的新定义,并提出了确定 Jensen 模型水分敏感指数及累积曲线的新方法[46]。崔远来等针对广西双季晚稻水分生产函数全生育期 Stewart 模型,ET_0 及土壤有效含水量为参数,探讨了水分敏感指标的地域变化规律;同时基于对水稻 Jensen 模型中敏感指数在全生育期变化规律的认识,以生长曲线函数建立了水稻敏感指数累积函数,解决了不同生长时段敏感指数转换计算问题,并揭示了水稻水分生产函数及其敏感指数累积函数中主要参数随气象条件及土壤因子变化的规律,建立了对水分敏感指标在不同水文年份(时间)和不同地区(空间)进行预报的数学模型,提出了水稻水分生产函数在时、空两方面插补、延长、移用与扩展的理论与方法,探讨了绘制水分生产函数及其主要参数等值线图的原理和方法[47-48]。王金平等通过水量的当量变换,把水分生产函数非线性模型和 Jensen 模型统一为综合模型,该模型具备了二者的优点,可以把对水量的优化转化为对土壤含水率的优化,而土壤含水率是一个可以随时监测和控制的因素,所以在应用上具有现实指导意义[49]。茆智等通过五年的试验成果,分析研究适用于我国南方的水稻水分生产函数模型,探讨各种模型中水分敏感性参数的变化规律,提出水稻水分生产函数随水文年度呈规律性变化的观点,特别是具体提出了 Jensen 模型中水分敏感指数与参照作物需水量的关系,为拓宽水分生产函数应用的时空范围提供了依据和方法[50]。贾小丰等根据试验资料对比分析了 Jensen、Minhas、Blank、Stewart 和 Singh 五种模型的拟合效果,得出了 Jensen 模型是最适宜于吉林省松原地区苜蓿水分生产函数模型的结论,并探讨了 Jensen 模型水分敏感指数在苜蓿全生育期的变化规律[51]。杨旭东等以塔里木盆地阿瓦提丰收灌区的棉花大田试验数据为基础,采用最小二乘法拟合不同的水分生产函数模型,得出 Jensen 模型较为合理[52]。张恒嘉依据部分灌区的田间试验数据,在全生育期采用二次抛物线模型、各生育阶段采用 Jensen 模型,并且运用最小二乘法原理,拟合小麦、玉米、棉花等作物的水分生产函数,得出不同作物生育阶段的水分敏感指数,发现不同作物敏感指数值呈前期小、中期大、后期又变小的变化趋势且与农业灌溉实际相符,这一结论可为资源性缺水区域制定优化灌溉制度提供理论依据[53]。刘旭等建立了查哈阳灌区作物的 Jensen 模型,运用大系统分解协调模型(RAGA)对地表水和地下水统筹考虑,实现了灌溉水投入的最大经济效益[54]。

在宁夏中部干旱带,本项目"西北干旱地区压砂地持续利用关键技术研究与示范"研究人员马波[300]、苗楠[301]、程臻赟[302]和宋天华[303]等对压砂地西瓜水分生产函数进行了研究,得出不同作物生育阶段的水分敏感指数。本书对压砂地甜瓜水分生产函数进行了研究。

1.3.1.2 **动态模型**

该类模型是从作物水分生理角度出发,描述干物质积累过程和最终产量与不同水分水平的关系,可分为机理型模型和经验型模型两种[55]。1978 年 Feddles 在作物产量的模拟中,认为干物质生产过程随时间呈"S"形曲线变化,并通过分析得到了干物质的日形成率与作物腾发速率的关系[55-56]。1980 年 Morgan 等提出了作物生长对每日土壤有效水分响应的动态模型,并根据干物质积累随土壤水分的变化得到收获时作物干物质量表达式[55-57]。沈荣开等探讨了动态产量模型中水分响应函数的形式,并通过试验资料进行分析验证,证明了该模型时域稳定性较好[58]。李会昌等对 Feddes、Childs 模型进行分析,通过取长补短,给出了 Feddes-Childs 新模型,并以夏玉米进行了验证[59-61]。罗远培、李韵珠、张展羽等将 Morgan 模型研究应用于小麦生长规律研究,探讨小麦非充分灌溉条件下的优化灌溉制度[61-64]。沈细中等以 Morgan 模型为基础,引入了肥料响应函数的水稻干产量模型[65]。王康等考虑土壤氮素对作物生长的影响,建立了作物水分氮素生产函数动态产量模型,对干物质产量进行预测,效果良好[66]。迟道才等采用蒸渗仪和盆栽相结合的方法,在分析水稻干物质生长规律的基础上提出了干物质随时间累计的数学模型和干物质累计量与籽粒产量之间关系的数学模型,构造了水分亏缺影响函数,提出了水稻动态产量数学模型,并求出了沈阳地区水稻水分生产函数动态产量模型参数[67]。

上述模型可以对作物生长过程进行跟踪,并把作物的干物质产量与土壤水分状况直接联系起来;可根据原始的气象资料对不同灌水水平下作物的生长进行预测,具有实时操作的优点[36-42]。

1.3.2 作物水分生产函数模型的发展趋势

(1) 生育阶段水分生产函数模型虽然力求能真实地描述实际系统,但由于资料有限,对水分敏感指数及相关系数的取值研究不够,作物的缺水敏感指数等有关参数的年际变化规律有待于更深入的试验研究[68]。

(2) 由于气候、试验布置不当、试验精度低及作物受旱减产机理尚未完全掌握等因素造成参数存在局限性,这是一个较为普遍的问题,因此,利用更多的地区性经验,通过大量试验资料检验并建立更加符合本地区情况的通用模型是今后这类模型研究的主要方向。

(3) 大多数的动态水分生产函数模型,所需要的数据较多,尤其是机理性模型均需要逐时段(逐日、逐小时)的气象、作物、土壤水分以及水文地质等资料,有些数据又难以测定,致使此类模型在应用上有很多困难,今后还需进一步研究与验证。

综上所述,国内学者在不同的地区对不同作物开展了大量的研究,但压砂地甜瓜的水分生产函数模型未见研究报道,所以建立压砂瓜的水分生产函数模型,可为合理利用水资源、优化灌溉制度及提高压砂地的生产能力提供理论依据。

1.4 作物水肥耦合效应的研究现状及发展趋势

水分和肥料是农业生产中影响作物生长的两个重要环境因子,两者对作物生长的作用不是孤立的,而是彼此相互作用、相互影响,土壤水分是作物吸收各种矿物营养元素的载体,其多少决定土壤中养分的运移速度和转化率,养分则是维持作物正常生长的关键[69-71]。在农田生态系统中,水分和肥料二因素或水分与肥料中的氮、磷、钾等因素之间的相互作用对作物生长的影响及其利用效率称为作物的水肥耦合效应,包括协同、叠加和拮抗三种效应[72]。自1975年Arnon提出旱地农业植物营养的基本问题是如何在水分受限制的条件下合理施用肥料和提高水分利用效率以后,水肥耦合效应引起了国内外许多研究学者的重视,并从不同角度探讨水肥耦合交互作用与模型,取得了许多研究成果[73]。

1.4.1　作物水肥耦合效应的研究现状

1.4.1.1　小麦水肥耦合

水分和肥料是影响小麦产量的主要限制因子,其影响强度因小麦生长期降雨量的多少而异;干旱年限制小麦产量的主要因素是水分,湿润年限制小麦产量的主要因素是肥料[74]。徐学选等通过研究也指出水肥对春小麦产量有明显的主效应及交互效应,水肥均呈正效应,水肥主次效应的转换阈值14.1%,即土壤含水量大于14.1%时肥效大于水效,水分小于14.1%时水效大于肥效[75]。沈荣开指出氮肥效益的发挥与农田水分状况密切相关,低供水水平时(冬小麦仅灌拔节水)肥料的增产效益十分显著,但氮肥贡献率随施肥量的增加而呈递减的趋势,并建议在永乐店节水灌溉中心考虑选择 200 kg・hm^{-2} 的施肥方案[76]。尹光华[77]等采用312－D最优饱和设计,在辽西半干旱区开展了连续4年的春小麦田间水肥耦合试验,研究春小麦水分利用效率,结果表明水肥单因子对水分生产率有显著影响,影响顺序为:水>磷>氮;水肥对春小麦水分生产率表现出交互效应,水分生产率超过 10 kg・hm^{-2}・mm^{-1} 的优化管理方案是:施氮量为 10 216~23 913 kg・hm^{-2},施磷量 8 413~13 910 kg・hm^{-2},灌水量 4 110~17 019 mm。顾国俊等为了探明小麦不同生育阶段水肥耦合效应,设置田间试验分析其对小麦产量及产量构成因素的影响,得出在高氮条件下,拔节水＋灌浆水、拔节水处理均可实现肥水高效耦合,并获得 530 kg/667 m^2 以上高产,而中氮水平下产量下降[78]。

水肥耦合不仅对小麦产量有影响,对其生长发育和品质也有一定的影响。在春小麦营养生长阶段,施肥量对小麦生长指标的促进作用要大于施肥频率对其促进作用;在春小麦生殖生长阶段,增加施肥频率对其生长指标的促进作用更加明显,可以避免春小麦脱肥早衰,有利于春小麦产量的形成[79]。武继承等探讨了不同水肥条件对旱地小麦产量和水肥利用率的影响,结果表明,不同肥料配比对小麦生长发育性状有明显影响。不同肥料配比均可以提高小麦的株高、穗数、穗长和千粒重,降低不孕穗数[80]。尹光华[81]等在宁西部半干旱区进行了田间春小麦光合作用试验研究,结果表明:叶片光合速率与籽粒产量正相关,水肥单因子对叶片光合速率影响的大小顺序是氮>水>磷;交互耦合作用对叶片光合速率影响的大小顺序是氮与水耦合>氮与磷耦合>磷与水耦合;水肥耦合促进叶片光合速率的提高,水肥优化管理方案是:施氮量为 323.4~399.9 kg・hm^{-2}、施磷量为 65.8~105.7 kg・hm^{-2}、灌水量为 276.1~353.2 mm。王海龙等采用双重筛选逐步回归分析方法,对影响小麦品质的水肥因子进行分析,认为灌溉和肥料供应状况影响小麦植株体内的物质代谢,进而影响其品质[82]。高肥力土壤适于高蛋白含量小麦的种植,而低肥力土壤可能有利于低蛋白含量小麦品质的形成[83]。

1.4.1.2　玉米水肥耦合

影响玉米产量的诸多因素中,水和肥适时适宜的施用起着十分关键的作用,在我国干旱和半干旱地区,水分是影响玉米生长的首要因素。当土壤自然肥力水平低时,玉米施肥增产效果大于水分增产效果,水肥间有一个平衡系数[84,90]。邢维芹认为水肥异区交替灌溉可节水一半,在灌水量为 300 $m^3 \cdot hm^{-2}$、施氮肥量为 248.1 $kg \cdot hm^{-2}$ 的条件下,隔沟灌溉水肥同区处理的速效氮在剖面上垂直运动明显,处理后 15 天速效氮基本均匀地分布于 0~100 cm 土层内,速效氮含量在施肥区和未施肥区之间差异较小;隔沟灌溉水肥异区处理的速效氮垂直运动程度小,淋失的可能性小,有利于养分长期在剖面较浅层次中分布[85]。孟兆江等在商丘的玉米水肥效应研究表明,水肥配合存在阈值反应,阈值为氮 105.0 $kg \cdot hm^{-2}$、磷 52.5 $kg \cdot hm^{-2}$ 和灌溉定额 1 500 $m^3 \cdot hm^{-2}$;低于阈值水平,氮、磷无明显增产效应,水分利用效率低;高于阈值,水肥互作增产效应显著;适宜限量供水和增加氮、磷投入是提高水分利用效率的重要途径[86]。李楠楠[87]和孙文涛[88]等都采用 D-饱和设计进行了玉米膜下滴灌水肥耦合效应试验研究,建立了水肥回归数学模型;灌水量、施氮量对玉米产量的影响都为正效应,氮肥为主要影响因素。吕刚等研究表明水和 K 耦合效应对玉米产量影响不显著,水分是影响玉米产量的主导因素,其次是氮和钾效应[89]。黄冠华对滴灌条件下麦行间套播的夏玉米水肥耦合效应进行了田间试验,结果表明,套播夏玉米全生育期耗水量保持在 4 800 $m^3 \cdot hm^{-2}$,氮、磷肥量分别保持在 175 $kg \cdot hm^{-2}$ 和 145 $kg \cdot hm^{-2}$ 水平时,可获取 9 500 $kg \cdot hm^{-2}$ 以上产量,水生产效益超过 1.9 $kg \cdot m^{-3}$,显示出较好的节水增收效益[90]。张秋英研究了水肥耦合对黑龙江省北部黑土区玉米光合特性及产量的影响,结果表明:不同水肥耦合处理的条件下,玉米的光合速率有所不同,气孔导度的变化与光合速率的变化表现基本一致,而对蒸腾速率和细胞间 CO_2 浓度影响不大,最佳的管理措施是增施无机肥和有机肥的配合[91]。田军仓等采用三因素五水平二次回归通用旋转组合设计方法,得出西北干旱地区宁夏引黄灌区利通区玉米畦膜上灌条件下,不同灌水量、施氮量和施磷量与产量的回归模型;通过对模型进行主因素效应、单因素效应和交互作用分析,得出各因素影响膜上灌玉米产量的顺序为灌水量>施磷量>施氮量,灌水量与施氮量的交互作用较显著。经模型寻优,求出了不同目标产量下的水、氮、磷最佳组合方案[92]。勾仲芳[93]将水、肥与产量的耦合关系进行了多元回归分析得到多元回归方程,并得出覆膜玉米合理的灌溉量、施肥量应分别是 3 600~3 900 $m^3 \cdot hm^{-2}$ 和 850~1 100 $kg \cdot hm^{-2}$。刘作新采用二次通用旋转组合设计,得到了玉米产量与灌水量、施氮量、施磷量和覆秸秆量之间的回归模型,水、氮两因素交互作用回归子模型和水、磷两因素交互作用回归子模型,提出了辽西半干旱区玉米产量为 10 462.5 $kg \cdot hm^{-2}$ 时的水肥最佳经济配比[94]。

1.4.1.3 辣椒水肥耦合

辣椒是我国北方地区温室栽培的主要蔬菜之一,多年来主要依靠水肥的大量投入来提高产量,在辣椒生育过程中,不合理灌水施肥都会对辣椒生理机制造成损害,影响其正常代谢活动,这不但造成水资源和肥料的浪费、辣椒发病率高及品质下降,而且也造成土壤硝酸盐淋失,微量元素缺乏及环境的污染;适宜的水分条件和合理的养分供应是增加辣椒挂果数和辣椒单果重的基础,是提高辣椒产量的基本保证[95-100]。梁运江[101-102]采用"3414"试验设计研究了灌水定额、氮肥和磷肥对保护地辣椒植株生长发育的影响,认为对辣椒生育性状和产量影响最大的因子是灌水,其次是施磷和施氮,灌水和施磷的交互作用对光合作用、茎粗和分枝数的影响显著,灌水或施肥过多过少都会引起辣椒叶绿素含量、叶片光合作用速率降低,并得出较佳的水肥管理措施为灌水定额 170.0 $m^3 \cdot hm^{-2}$、施纯氮 225.0~273.9 $kg \cdot hm^{-2}$ 和施纯磷

$90.0\sim180.0$ kg $\cdot$ hm^{-2}。高艳明等采用三因素二次回归通用旋转组合设计在滴灌条件下对影响日光温室滴灌辣椒产量的水、氮、磷的耦合效应进行了研究,得到了总产量(y_3)与灌水(x_1)、施氮量(x_2)、施磷量(x_3)的水肥耦合回归模型,指出影响滴灌辣椒产量的顺序为灌水量>施磷量>施氮量;高水配以磷,高氮配低磷时产量有最大值,得到了生育期不同产量水平下的各因素最佳组合[103]。为了节约随水施肥设备成本,肖厚军认为不同肥水耦合方式以肥料兑水配施效果最好,能提高辣椒产量和水分利用率[104]。辣椒[105]对土壤 pH 值的反应敏感,在微酸性至中性范围内生长良好,通过合理施肥和灌水,可有效控制保护地土壤的酸化,稳定土壤的酸碱环境;种植前后维持辣椒地土壤 pH 值稳定的水肥措施为灌水定额为 170.71 m^3 $\cdot$ hm^{-2}、施氮量 235.98 kg $\cdot$ hm^{-2} 和施磷量 239.38 kg $\cdot$ hm^{-2}。

1.4.1.4 棉花水肥耦合

棉花是我国的主要经济作物,在国民经济中占有重要的地位;在影响棉花产量的诸多因素中,水和肥适时适宜的施用起着十分关键的作用;棉花属于宽行稀植作物,根据夏棉不同生育阶段的需水特征和土壤水分状况,可分别采用滴灌和畦灌方式,比常规棉田畦灌节水 $23.3\%\sim28.7\%$;对于中等肥力的棉田,在每公亩施纯氮 300 kg 的范围内,随施肥量增加皮棉产量呈增加的趋势,在每公亩施纯氮 $150\sim225$ kg 区间内,其产量增加较快[106]。赵春艳用二元二次多项式拟合棉花产量与土壤脱盐率与灌水定额,施用改良剂之间的关系,得出影响棉花产量和土壤脱盐率的次序为灌水量、改良剂用量;两者对棉花产量和土壤脱盐率之间存在着极显著的回归关系,建立的回归模型可靠[107]。在新疆,膜下滴灌棉花产量、生育期灌水量以及施肥数量、施肥种类之间水肥耦合效应非常显著,合理的水肥配合不仅大幅提高作物产量,还能节约水肥资源,降低投入成本[108];除了膜下滴灌,地面灌溉条件下不同水肥耦合水平对棉花产量都有显著影响[109],各因素对棉花产量的效应顺序为施磷量、灌溉量和施氮量,水肥调控的最佳组合为氮肥用量 545.55 kg $\cdot$ hm^{-2}、磷肥用量 199.8 kg $\cdot$ hm^{-2} 和灌溉量为 6 429.3 m^3 $\cdot$ hm^{-2}。郑重、胡顺军等发现水分是限制滴灌棉花产量的主导因素,施肥次之;水、氮在一定的配比下存在协同效应;郑重等认为,以灌水 225 mm、施纯氮 150 kg $\cdot$ hm^{-2} 处理较为合理;在水分适宜或较高时,限制产量的主要原因是土壤贫瘠和肥力不足;平衡施肥其施肥水平有一个阈值,超过此值产量将会降低[110];胡顺军等对膜下滴灌棉花的水肥耦合效应进行了田间试验,得出棉花产量与灌水量及耗水量呈线性关系;水肥都具有增产效果,但过多的水肥投入并不利于增产[111]。翟云龙研究了水肥调控对滴灌棉花光合特性的影响,高产条件下施足基肥,适当提早头水和施肥时间、推迟停水停肥时间,期间根据墒情均匀给水、给肥可以使叶面积指数前期稳步上升,尤其是能增加盛花期叶面积指数,生育后期缓慢回落;可以增加净光合速率,尤其是可以减缓后期光合速率降低速度,利于产量形成[112]。

1.4.1.5 大豆水肥耦合

在大豆水肥耦合中,水分的增产效果十分显著,同时养分和水分之间以及两者耦合与作物之间存在着协同、顺序加和及表观拮抗作用等[84]。张秋英等通过不同灌水和施肥处理,研究水肥耦合对大豆光合特性及产量品质的影响,得出大豆光合速率变化趋势很大程度上依赖于水分供应的多少,在水分充足时增施无机肥可以提高大豆的光合速率,产量随着水分和施肥量的增加而增加;同时发现在干旱条件下,无机和有机肥配合有利于蛋白质的积累,而充足水条件下,无机和有机肥配合不利于蛋白质的积累,但有利于脂肪的积累[113-115]。张丽华认为大豆蒸腾速率和气孔导度的变化趋势一致,在结荚期通过适当增加肥量和灌水,可以明显提高大豆叶片光合速率、水分利用效率及产量[116]。郭正芬、周欣和腾云等都建立了大豆水肥耦合数据模型,发现水是主要影响因子;在水分充足时,氮肥施用量会使大豆产量达到最高值,再增施氮肥,大豆产量反而会随着氮肥施用量的增加而降低[117-119,132]。冯淑梅[120]研究了滴灌条件下不同水肥处理对大豆生理性状以及水分利用效率的影响,得出氮肥作用较灌水大,且水氮二因素及交互作用对大豆的叶面积指数、干物质积累的影响均为正效应,并得出在保证钾肥 75 kg·hm^{-2}、磷肥 90 kg·hm^{-2}用量的基础上,施氮量为 108.33 kg·hm^{-2}时水分利用效率可达到最大值 0.582 kg·m^{-3}。

1.4.1.6 番茄水肥耦合

番茄是北方地区的主要蔬菜种类之一,适时适量、均衡的养分和水分供应是番茄早熟、高效、优质、高产的必要条件[121]。孙文涛采用二次 D-饱和最优设计进行温室番茄水肥试验,探讨了滴灌条件下水肥交互对温室番茄产量的影响,得出影响番茄产量的主要因素是灌水量与钾肥用量的交互作用,其次是氮肥用量;并以中等氮肥用量、高钾肥用量和高灌水量作为水肥调控的最佳组合[122]。陈碧华[123-124]采用二因素二次通用旋转组合设计方法,在日光温室膜下滴灌条件下研究了水肥耦合技术对番茄生长发育、产量和硝酸盐的影响,认为灌水和施肥对番茄各项生长发育指标、产量及硝酸盐的影响均十分显著,并得出有利于番茄生长发育的最佳水肥耦合方案为灌水量 2 722.5～2 836.95 m^3·hm^{-2}、施肥量 265.5～294.45 kg·hm^{-2}。在沈阳地区草甸土地区,不同水肥配比对番茄产量和果实硝酸盐含量、Vc 含量、可溶性糖含量和糖酸比等品质指标有显著的影响,认为肥料施用数量和灌溉控制下限土壤水吸力值的大小对番茄的产量及其果实的品质影响显著,且两因素的交互作用也达到了 1‰的显著水平;肥料用量以纯氮 337.5 kg·hm^{-2}、纯钾 337.5 kg·hm^{-2},灌水下限为土壤水吸力 40 kPa 时番茄产量最高,且品质较好[71,125]。陈修斌[126]也对番茄的耦合效应进行了研究,得到番茄产量对三因素的回归数学模型,而且三因素影响番茄产量的顺序依次为施氮量、灌水量、施钾量,各因素间存在交互作用;并得出番茄产量达到最高值 89.15 t·hm^{-2}时,其对应的灌水量、施氮量和施钾量分别为 2 637.2 m^3·hm^{-2}、374.1 kg·hm^{-2} 和 51.6 kg·hm^{-2}。

1.4.1.7 西甜瓜水肥耦合

西甜瓜属于根敏感性作物,生长速度较快,果实大,产量相对较高,对水肥的需求量较为严格。为了提高西甜瓜产量、品质及水分生产率,人们做了许多研究。黄毅采用四因素二水平一次回归正交组合设计,对保护地西瓜栽培水肥调控模式进行了试验研究,建立了渗灌和沟灌条件下保护地西瓜水肥联合调控的数学模型,确定了适宜的产量目标及相应的供水量和施肥量[127]。王芳认为施用有机营养液体肥料可使压砂西瓜产量提高 4.0%～41.8%,增加产值 1.2～11.9 千元·hm^{-2},提高含糖量 5.8%～20.5%;同时液体肥料可促使瓜体增大,大瓜率提高了近 30%,进一步提高了西瓜的商品率[128]。贾云鹤[129]研究了不同施肥水平对大棚西瓜产量及品质的影响,得出西瓜产量和果实中维生素 C、可溶性糖及硝酸盐含量在一定范围内随着施肥水平的提高而提高,但肥水过剩的条件下,西瓜产量和品质又呈下降趋势;并最佳施肥量为施腐熟鸡粪 45 000.0 kg·hm^{-2}、尿素 105.0 kg·hm^{-2}、磷酸二铵 210.0 kg·hm^{-2}、硫酸钾 375.0 kg·hm^{-2}。姚静,邹志荣等采用四因素二次回归通用旋转组合设计,在日光温室滴灌条件下对影响甜瓜的灌水上限、钾、磷、氮的耦合效应进行了研究,得到了总产量(y)与灌水上限、施钾量、施磷量、施氮量的水肥耦合回归模型。结果表明:各因素影响甜瓜产量的顺序为钾>磷>水>氮;各因素间存在交互作用,但交互作用未达显著水平,并得出了结果期各因素的最佳组合[130]。

在宁夏中部干旱带,马波等采用三因素五水平二次回归通用旋转组合设计方法进行了试验研究,得出了压砂地西瓜小管出流条件下,不同灌水量、施油渣量和施复合肥量与产量的回归模型,并进行了主因素效应、单因素效应和交互作用分析,得出对产量影响的顺序为灌水定额(x_1)>施油渣量(x_2)>施复合肥量(x_3),求出了不同目标产量下的水、油渣、复合肥最佳组合方案,为宁夏中部干旱地区压砂地西瓜补灌和施肥提供了参考[131]。

1.4.2　作物水肥耦合的发展趋势

目前,作物水肥耦合的研究和应用虽然取得了许多成果,但还有一些问题有待于进一步的研究和解决:

(1)对作物水肥耦合效应研究目前多数集中于对旱区产量的研究上,对作物生长发育、品质及生态环境影响的研究还不够深入,应从土壤—作物—环境三者方面系统研究水肥供给、分解转化、转移和互作对作物生长及其生长环境的影响,以高产、优质、环保为目的,对水肥耦合进行管理[132-133]。

(2)传统的地面灌溉方法,灌水和施肥两项操作是单独完成,这不仅增加劳动工序和用工量,而且造成灌水和施肥时间不同步,造成水肥耦合协同效应不能及时有效发挥,水肥利用率下降。因此,根据作物水肥需求规律,实施水肥一体化技术,可充分发挥水肥互作效应,并有效提高水肥利用效率。

(3)水肥耦合机制和范围因气候类型、土壤肥力及管理措施等条件不同,存在明显的差异。在一地区建立的水肥耦合效应模型,只能在一定的条件下适用,在异地应用的效果则不理想或不适用,模型缺乏通用性。为了指导某一地区农业发展,可通过长期田间试验,研究在不同耕作和栽培条件下水分和养分的变化规律和耦合机理,建立适合该地区不同气候和土壤条件的水肥耦合模型;并运用人工智能、GIS 技术,将作物、水肥因子与环境条件三者有机结合起来,建立农田水肥高效管理信息系统,这将大大促进我国农业向高产、优质和高效方向发展[134-136]。

综上所述,对于小麦、玉米、辣椒、棉花、大豆、番茄、西甜瓜等作物的水肥耦合均有一定的研究,但膜下滴灌条件下的压砂地甜瓜的水肥耦合机理与模型未见研究报道。

1.5　作物平衡施肥的研究现状及发展趋势

我国肥料平均利用率较发达国家低 10% 以上,氮肥为 30%～35%,磷肥为 10%～25%,钾肥为 40%～50%[137]。平衡施肥是根据作物需水规律、土壤供肥性能和肥料效应,在施用有机肥的基础上提出氮磷钾肥和微量元素肥的适当用量及相应的施肥技术[137-142]。在我国实行平衡施肥可增产 8%～15%;在农作物平衡施肥研究和实践中,有多达 60 多种施肥模型,我国科研工作者将国内外施肥模型或方法概括为地力分区配方法、目标产量配方法和肥料效应函数法三种[138-142]。目标产量法和肥料效应函数法在理论上能够得到比较广泛的共识和具有一定的精度,故被国内外广泛应用[141-164]。在美国配方施肥技术覆盖面积达到 80％以上,40％的玉米田块采用土壤或植株测试推荐施肥技术,大部分州都制定了测试技术规范,并在大面积土壤调查的基础上,启动了全国范围内的养分综合管理研究。英国农业部针对不同地区出版了《推荐施肥技术手册》,进行分区和分类指导,并每隔几年组织专家更新一次。日本、德国等发达国家也很重视测土施肥,并建立了相应的管理措施[165-167];目前国外的平衡施肥已经进入了以产量、品质和生态环境为目标的科学施肥时期。我国平衡施肥的研究始于 20 世纪 70 年代,经过大量的试验研究,现已经在多种作物和多个地区推广应用,成效显著。

1.5.1 作物平衡施肥的研究现状

1.5.1.1 小麦平衡施肥

小麦需肥量较大,营养期较长,不仅在整个生育期需要不断供给养分,在生长关键期也要保证养分充分[168]。国内外学者根据小麦需肥规律和产量要求,在平衡施肥方面做了大量的研究。早期 Black 发现磷肥可以显著增加分蘖与次生根数;在磷肥充足的条件下,氮肥促进分蘖与次生根数的作用加强,磷肥可增强小麦根系的吸收能力,增加伤流量,并能提高小麦苗期的抗寒性[169-170]。在淮北平原,李录久针对小麦施肥结构不合理进行了平衡施肥技术研究,结果表明:施氮、磷、钾肥小麦的增产率为分别为 13.3％～44.7％、5.6％～11.8％和 9.8％～13.2％,其平均增产率为 22.6％、8.1％和 11.3％;不施氮肥或钾肥小麦的相对产量为 69.1％～88.3％和 88.3％～91.0％,其平均相对产量为 82.3％和 89.8％,减产 11.7％～30.1％和 9.0％～11.7％,平均减产 17.7％和 10.2％;不施磷肥小麦的相对产量为 89.4％～94.7％,减产 5.3％～10.6％,平均减产 7.5％;平衡施肥较不施氮肥对照增收 1 106～1 562 元·hm^{-2},施用氮肥的产投比达(2.57～4.34):1,较不施磷肥对照增收 268～900 元·hm^{-2},施用磷肥的产投比为(1.90～3.53):1;较不施钾肥对照增收 525～1 003 元·hm^{-2},施用钾肥的产投比为(3.81～5.62):1。施用氮、磷、钾小麦分别平均增收 1 308 元·hm^{-2}、628 元·hm^{-2}和 824 元·hm^{-2},其平均产投比分别为 3.32:1、2.86:1 和 4.64:1;研究结果为冬小麦平衡施肥技术在淮北平原的推广应用奠定了基础[171-175]。在新疆,皇甫蓓炯等通过不同的氮、磷肥料和使用量试验,得出在合理的配方下平衡施肥,在低氮中磷的棕黄土最佳施肥量、最佳配比为尿素施用量 30.2 kg/667 m^2,重过磷酸钙施用量 15.2 kg/667 m^2,合理的氮磷配比为 N∶P＝(2～2.5)∶1,这时小麦的产量达到 633.4 kg/667 m^2,增产率 71.9％,投入产出比 1∶2.12,是高产优质低成本的小麦生态平衡施肥技术方案,可为小麦生态平衡施肥积累经验和合理科学施肥提供依据[176]。在内蒙古,姜晓平等通过调查分析开展了小麦实施测土配方施肥技术,节本增效显著,亩产可达 387.1 kg,增产 17.1 kg,增产率 4.6％,亩平均减少化肥用量(折纯)3.45 kg,减少投入 14.7 元,实现增收节支 50.61 元/667 m^2,实现总净增纯收益 354.27 万元[177]。在甘肃,马宝泉根据化验分析结果制定出了临潭县春小麦测土配方施肥方案,取得了显著的增产增收效果[143]。

1.5.1.2 玉米平衡施肥

玉米是粮食作物中单产较高、用途极广的作物,其在高产栽培中对光照、温度、水肥等气候条件的要求较为严格。氮、磷、钾是玉米生长发育必不可少的重要肥力因子;氮、磷、钾肥的科学配比,以及土壤供肥能力,对玉米的干物质积累和百粒重有着重要影响,同时,也影响玉米的产量与生产效益[178-182]。在吉林省高寒山区,玉米单产长期徘徊在 4 500~5 000 kg·hm^{-2},远没有发挥出应有的生产潜力,为提高产量,方向前等进行了平衡施肥试验研究,得出氮、磷、钾的最优施肥量分别为 100 kg·hm^{-2}、80 kg·hm^{-2} 和 50 kg·hm^{-2};可使玉米秃尖长度最小,为 0.8 cm;穗粗最大,为 4.3 cm;粒数最多,为 286.8 万粒·hm^{-2};千粒重最高,为 272.7 g;产量和纯收入最高,分别为 7 189.5 kg·hm^{-2} 和 8 037.4 元·hm^{-2},该研究为吉林省高寒山区玉米合理施肥、达到高产高效栽培提供了科学依据[183]。在云南,赖丽芳采用土壤养分状况系统研究法,研究氮、磷、钾的平衡施用对玉米产量及氮磷钾养分利用率的影响,确定最佳磷肥用量和平衡施肥配方,提高了玉米的科学施肥水平和经济效益,增加了农民收入[184]。在甘肃干旱半干旱农作区,吕军峰等研究了氮、磷、钾肥配合平衡施肥对玉米产量和养分吸收规律的影响,结果表明,在施用氮肥的基础上合理配施磷、钾肥,具有显著的增产效果;K 是限制全膜双垄沟播玉米高产的主要限制因子,适量增施 Zn 肥能有效提高玉米产量[185]。邢月华等探讨了平衡施肥对玉米养分吸收、产量和经济效益的影响,也得出钾是玉米产量的第一限制因子,因此必须科学合理地调配氮磷钾施用比例,加大钾肥的施用量,才能实现玉米高产[186-189]。作物在生长发育中除了需要氮、磷、钾之外还需要一定量的微量元素,才能维持正常的生长,但其施用量随作物种类、土壤条件和环境的不同而有所差异,吴丽侠等认为含硫肥料的合理施入对玉米有一定的增产效果[190]。

1.5.1.3　辣椒平衡施肥

辣椒是我国栽培面积最大的蔬菜作物之一,其产量和品质直接关系到生产的发展和经济效益。黄科采用三因素五水平正交旋转组合设计研究了氮、磷、钾施用量与辣椒产量和品质的相关性,建立了相应回归方程,得出氮对辣椒干物质的形成起主要作用,钾与辣椒果实维生素 C 含量呈典型曲线相关,氮与辣椒素含量呈显著直线相关;氮肥的施用与辣椒产量的形成呈显著正相关,磷、钾也有一定的影响,氮磷、氮钾之间的互作达到显著水平;并经多元回归和频率分析方法得出无土栽培辣椒氮、磷、钾最优组合方案为:氮:352~388 mg·L^{-1}、磷:50~70 mg·L^{-1}、钾:337~457 mg·L^{-1}[191-192]。磷钾肥在辣椒上应用有很好的增产增收效益,在生产上应重视磷钾肥,尤其是钾肥的应用,当钾肥不足时,可采用低量配方,虽不能获得最高产量但可获最大的经济效益[193]。赵明镜等对辣椒氮磷钾配方施肥研究的结果表明,中氮高磷高钾或低量的配方处理对辣椒生育期无明显影响,低量氮磷钾配方和习惯施肥辣椒有早衰现象,不施肥处理的辣椒早衰更明显;中氮低磷高钾施肥效果最好,既能增产,又能提高辣椒肥料利用率,经济效益最高[194]。夏兴勇采用"3414"设计进行了辣椒肥料效应试验,建立了氮磷钾肥料效应回归模型,模型拟合效果较好,氮、磷、钾肥最佳施用量氮为 13.26 kg/667 m^2、磷为 5.32 kg/667 m^2、钾为 11.29 kg/667 m^2,最佳干椒产量为 244.42 kg/667 m^2;辣椒对氮肥及钾肥的需用量大,其氮、磷、钾施肥比例为 1:0.4:0.85[195]。赵尊练等连续 6 年进行线辣椒的田间试验,研究施用钾肥、鸡粪、抗重茬剂对克服线辣椒连作障碍的作用,为通过施肥解决或部分解决线辣椒连作障碍问题提供了借鉴[196]。

1.5.1.4　棉花平衡施肥

棉花是全营养型的高等植物[197]。棉花施肥种类、施肥量、施肥方式与产量之间关系一直是农业科技工作者不断努力探求的课题之一[198]。近年来,由于棉田高产出导致土壤养分耗竭快,出现了棉花红叶茎枯病等生理性病害,这主要是由于土壤供应氮、磷、钾比例失调所造成的,因此合理施用肥料,实行平衡施肥技术极为重要[199]。肖春芳通过对棉花进行平衡施肥试验研究,认为增加氮肥用量对单株果枝数、成铃数和单铃重有一定的促进作用,并得出棉花获得最佳产量 316.6 kg/667 m² 时的肥料用量为氮 24.38 kg/667 m²、磷 6.14 kg/667 m² 和钾 10.68 kg/667 m²[200]。屈玉玲采用"3414"施肥方案设计,建立了不同产量目标的数学模型,并得出了不同产量目标的田间优化施肥方案、增产效果和肥料当季利用率[201]。袁金山对库车县棉花平衡施肥中涉及的施肥参数做了研究,得出土壤中速效氮、磷与校正系数之间有显著负相关,土壤供氮、磷能力对氮肥利用率有一定影响,对磷肥利用率有极显著影响,氮肥利用率平均32%,磷肥利用率平均 16.5%[202]。

1.5.1.5 大豆平衡施肥

大豆是世界上植物油和植物蛋白质最重要的来源,而大豆油消费是世界植物油消费之首,它的产量与品质不仅受基因型的控制,而且也受施肥措施等环境因素的影响。史俊琴经过两年试验,得出平衡施肥不仅提高了大豆株高、株荚数、株粒数、百粒重,而且减少了空瘪率,产量平均增加 8.5%,含油量平均增加 0.5%左右。大豆重茬不仅造成病虫害加重,同时也造成土壤养分消耗过重、产量和品质下降[203];沈建鹏通过对大豆优化平衡施肥及加强虫病害防治等综合配套技术进行系统研究,得出在平均施肥比常规施肥总量减少 2~5 kg/667 m² 的情况下,平均施肥较常规施肥株高增加 112 cm,平均株荚数增加 318 荚,结荚部位降低 116 cm,百粒重增加 111g,增产 1 112 kg/667 m²,平均增产幅度达 8%以上[204]。刘颖等采用二次饱和 D-最优设计对高油大豆优质、高产的氮、磷、钾最佳配比进行了盆栽试验研究,得出平衡施肥对高油大豆含氮化合物积累有显著的促进作用;氮素对可溶蛋白质、游离氨基酸含量、硝酸还原酶活性及硝态氮含量积累的贡献最大,其含量较不施肥处理平均增加了 51.7%、110.42%、185.48%和 278.52%;不施氮、磷、钾肥与最佳产量处理相比分别减产 27.4%、23.0%和 14.6%[205]。种植大豆除了注重氮、磷、钾元素平衡施用,还应注意镁、硫、锌等微量元素的施用,章明清在闽东南旱区开展了大豆镁肥肥效与钾镁肥平衡施肥技术研究,在钾肥最佳用量基础上配施镁肥,得出镁肥的增产作用最大,钾镁平衡施肥才能大幅度提高大豆产量[206]。

1.5.1.6 番茄平衡施肥

番茄是栽培的主要菜类。施肥是番茄生产中的关键栽培管理技术之一,了解其营养特性进行合理施肥,既能保证当季蔬菜高产,又能有效防止土壤盐渍化和浓度障碍[207]。赵泽英等采用"3414"二次回归设计,对早熟番茄施肥数学模型进行研究,建立了平衡施肥模型,获得优化施肥技术方案:氮、磷、钾最佳施用量分别为 104.55 kg·hm⁻²、112.95 kg·hm⁻²、502.95 kg·hm⁻²,最佳产量可达 115 719.00 kg·hm⁻²[208]。苗艳芳等研究了番茄的营养特性及保护地的平衡施肥问题,得出保护地番茄黄瓜前期吸肥量较少,中后期吸肥速度较快,吸收养分最多;磷素主要在生长前中期吸收,氮钾肥主要在中、后期吸收。每生产 1 000 kg 的番茄平均需要吸收 3.07 kg 氮、0.87 kg 磷和 4.30 kg 钾,吸收比例为 1: 0.28:1.40[207]。王翰霖等采用四元二次回归通用旋转组合设计,在测土分析的基础上,研究了有机肥、氮肥、磷肥、钾肥对宁夏日光温室番茄产量的影响效应,建立了产量与有机肥、氮肥、磷肥、钾肥 4 因子的肥料试验模型,并采用降维法对所建立的数学模型进行分析,确定其最佳施肥量,得出番茄的产量对有机肥、氮肥、磷肥、钾肥作用的反应为氮肥＞钾肥＞有机肥＞磷肥;当番茄产量稳定达到 115.26 t·hm^{-2} 以上,且有利于土壤可持续利用,4 种肥料的适宜施用量为:有机肥 15 000 kg·hm^{-2},氮 850 kg·hm^{-2},磷 300 kg·hm^{-2},钾 400 kg·hm^{-2},氮:磷:钾的比例为 8.5:3:4[209]。龙锦林等利用田间试验,对控释氮肥与尿素影响温室番茄产量、生长、叶片含氮量及氮素利用率进行研究,得出在日光温室栽培条件下,控释肥能够明显提高番茄的产量;与尿素相比,控释尿素在番茄生育的中后期能明显提高叶片中氮素含量,从而表明控释尿素的养分释放,可满足番茄全生育期对氮素的需要;同时,控释尿素也能提高总生物量和叶片干物量;从氮素利用率来看,控释尿素为 37.91％～59.98％,而尿素利用率只有 10.92％～16.06％[210]。施肥不仅能提高产量,还对番茄光合生理的各项指标有较大影响,段法尧通过研究不同的施肥水平对日光温室番茄光合生理及果实品质的影响,发现随着施肥量的增加,番茄果实中各品质指标有增加趋势,但大量且不平衡施肥会降低果实风味品质[211-212]。

1.5.1.7　西甜瓜平衡施肥

氮、磷、钾平衡施肥能够满足西瓜整个生育期的养分需求,使西瓜茎叶干物质积累量和果实产量增加[213]。朱洪勋西瓜在整个生育期中吸收钾最多,氮次之,磷最少;吸肥量以发芽期最少,幼苗期较少,抽蔓期增多,果实膨大期达高峰,成熟期又缓慢减少;对高、中、低肥力的土壤,氮、磷最佳施用量分别为 126 kg·hm^{-2} 和 61.5 kg·hm^{-2}、174 kg·hm^{-2} 和 73.5 kg·hm^{-2}、210 kg·hm^{-2} 和 124.5 kg·hm^{-2};低肥力地块,地力(不施肥)生产率和有机肥、氮、磷、钾肥生产率分别为 41.9％、11.5％、28.0％、13.3％和 5.3％[214]。闫献芳为了探索平衡施肥的增产增收效应进行了西瓜平衡施肥试验,连续 2 年的田间试验表明:在肥力中等的潮沙泥田上栽种西瓜,磷钾肥的综合产投比为 7.98:1;最优氮:磷:钾之比为 1:(0.6～0.9):(2.16～2.64);磷肥的最佳施用量在 83.4～122.3 kg·hm^{-2}[215]。杜虎平认为实行平衡配方施肥既能有效提高西瓜的农艺性状,又可提高种子单产和质量;西瓜制种氮:磷:钾的最佳配比为 1:0.6:0.96[216]。徐福利通过两年盆栽试验研究了有机钾肥对西瓜、辣椒、烟草产量和品质的影响,结果表明,在同一氮磷肥用量水平下,施用钾肥的西瓜产量及品质均比不施钾肥的好,尤其是有机钾肥的作用突出[217]。李云祥在甘肃砂田连续 3 年进行西瓜平衡施肥田间试验研究,结果表明:在施用一定有机肥基础上,氮、磷、钾施用以 135 kg·hm^{-2}、90～135 kg·hm^{-2}、150 kg·hm^{-2} 或 135:90:(150～225)的配比较为经济合理;平衡施肥对西瓜的产量和收益比当地习惯施肥增加 40％～50％,且可提高作物抗病、抗逆性,改善产品品质,显著提高商品价值[218]。赵明等对无土育苗基质中施用不同浓度氮、磷、钾肥对西瓜、甜瓜幼苗生长及养分吸收的影响进行了研究,结果表明西瓜、甜瓜幼苗的生长与基质中磷肥供应量之间存在着明显的制约关系,增施磷肥能显著提高西瓜、甜瓜幼苗壮苗指数的作用,配合施用氮、钾肥,可提高幼苗质量[219]。

1.5.2　作物平衡施肥的发展趋势

与发达国家相比,我国平衡施肥的研究较晚,还存在一定的差距,今后有待于在以下几个方面进行更加深入的研究:

(1) 平衡施肥应与良种、改良土壤、病虫害防治、栽培技术等经营管理措施相结合,才能达到速生丰产之目标,相关技术有待于深入研究[220]。

(2)平衡施肥既需要考虑各种养分的资源特征,又要考虑多种养分资源的综合管理、养分供应和需求的时空拟合以及施肥与其他技术的结合,使平衡施肥逐渐向养分资源综合管理方向发展,并建立养分资源综合管理技术体系[167]。

(3)智能化和信息化是平衡施肥的发展趋势。通过植物营养状况监测技术与传统的测土施肥技术的衔接,对已有的测试指标和推荐施肥体系进行完善和发展,使推荐施肥技术越来越迈向信息化。测土配方施肥智能终端配肥机(系统)是实现测土配方施肥技术入户到田的新模式。

(4)在现有平衡施肥示范区的基础上,全面实施农技推广体系改革,完善县、乡农技推广服务功能,并加强现有农技人员的培训力度,加快其知识更新,提高服务水平和能力。同时重视农业院校的农技推广人才的培养,建立起一套能够培养下得去、留得住、扎根基层、服务农村的人才培养机制[165]。

综上所述,小麦、玉米、辣椒、棉花、大豆、番茄、西甜瓜等作物的平衡施肥均有一定的研究,另外,人们对苜蓿、芝麻、菊花、花椒[221-224]等作物的平衡施肥也进行了研究,但补灌条件下的压砂地甜瓜的平衡施肥模型未见研究报道。

1.6 本书研究目标、内容及拟解决的关键问题

1.6.1 研究目标

本书针对宁夏压砂地土壤退化和水肥利用效率低等实际问题,采用多学科交叉研究,理论和试验相结合,室内试验和小区试验相结合的技术路线,以回归通用旋转组合设计、对比方法、计算机数值模拟方法为手段,对压砂地土壤退化机理、甜瓜需水需肥规律、水肥耦合效应和平衡施肥进行了系统研究,阐明宁夏不同年限压砂地土壤性质的动态规律以及剖面中的分布和移动特征,揭示膜下滴灌条件下非充分水分条件需水需肥规律,建立水肥耦合模型和平衡施肥模型,为宁夏压砂瓜水肥高效利用和压砂地持续提供技术支撑和理论依据。

1.6.2 研究内容

(1)压砂地土壤退化机理研究

通过大田试验和室内精密分析相结合的方法,利用先进的仪器设备,对西北干旱区不同压砂年限压砂地土壤理化性质、微生物及酶活性变化及在土体的垂直分布特征进行试验研究,探明不同压砂年限土壤的理化特性、微生物和酶活性变化规律,为充分发挥宁夏压砂地生产潜力和提高肥料利用率,合理施肥和可持续利用提供理论依据。

(2)压砂地甜瓜水分生产函数模型试验研究

利用试验资料,研究了甜瓜不同生育阶段缺水对其产量的影响,并采用 Jensen 模型推求压砂地甜瓜的水分敏感指数,分析干旱地区压砂地甜瓜水分敏感指标的变化规律,得出水分生产函数模型,为干旱地区甜瓜的非充分灌溉研究提供了参考和借鉴。

(3)压砂地甜瓜水肥耦合效应研究

选择水、氮、磷三因素,通过通用旋转组合设计田间试验,建立非充分水肥耦合模型,进

行显著性检验。经模型解析,得出各因素以及交互作用影响压砂瓜产量的规律和特点,经模型寻优,求出在不同目标产量下的最优水肥组合方案,提高水肥的利用效率。

（4）补灌条件下压砂地甜瓜平衡施肥模型研究

选择氮、磷、钾三因素,通过田间试验,建立平衡施肥模型,求出新、老压砂地在不同目标产量下的最优氮磷钾组合方案,提高肥料的利用效率。

1.6.3　拟解决的关键问题

（1）压砂地土壤退化机理

通过分析不同压砂年限土壤的理化特性、微生物和酶活性变化规律,揭示压砂地在土壤肥力方面退化的机理。

（2）压砂地甜瓜水分生产函数模型及各生育阶段水分敏感指数的确定

采用目前普遍应用的 Jensen 模型,对甜瓜不同生育阶段对产量的影响进行分析,并对变形后的 Jensen 模型进行多元线性回归,求出水分敏感指数。

（3）非充分灌溉条件下压砂地甜瓜水肥耦合模型及平衡施肥模型的确定

通过二次回归通用旋转组合设计田间试验可以确定。

1.6.4　技术路线

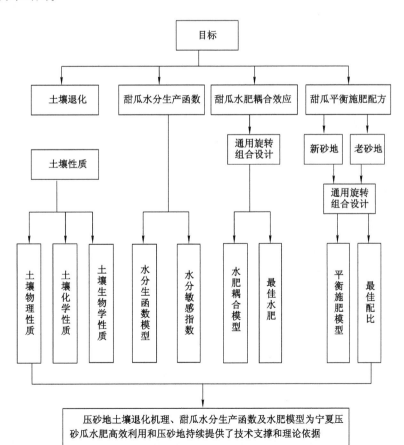

图 1-1　技术路线

第2章 压砂地土壤退化机理研究

2.1 引言

经过近十年的发展,压砂瓜产业实现了由零散种植到连片种植,由无序种植到科学种植,由松散营销到集约营销以及由解决温饱的被动发展到脱贫致富的主动发展的转变,产业规模迅速扩大,效益也明显提高。然而,在长期的生产过程中,压砂瓜地处于严重的被掠夺式经营,随着压砂年限延长,砂土混合日趋严重,地力严重退化,生产能力也逐渐下降,直接影响农业的增产增收[225-226]。本书通过对不同压砂年限土壤进行采样测试分析,探明不同压砂年限土壤的理化特性、微生物和酶活性变化规律,为充分发挥宁夏压砂地生产潜力和提高肥料利用率,合理施肥和可持续利用提供理论依据。

2.2 材料和方法

2.2.1 试验区概况

本试验区位于宁夏中卫市香山乡(东经 $104°17'\sim106°10'$,北纬 $36°9'\sim37°43'$),土壤质地为砂壤土,海拔 $1\,500\sim2\,360$ m;气候按宁夏气候区划属宁南中温干旱气候区,典型的北温带大陆性季风气候;光照充足,年均日照时数 $2\,963.1$ h;热量丰富,年均太阳总辐射 567.06 kJ·cm^{-2},年生理辐射 71 kJ·cm^{-2};降水量少,年均为 247.4 mm,降水量时空分布不均衡,从南向北递减,其中全年降水量的 65% 以上集中在 7 月份、8 月份和 9 月份;年均温度为 6.8 ℃,昼夜温差大,昼夜温差在 $15.5\sim12.6$ ℃之间,年大于 10 ℃的有效积温 $2\,332.05$ ℃;蒸发量大,年蒸发量为 $2\,172.3$ mm,是降水量的近 10 倍;平均风速 3.4 m·s^{-1};灾害性天气主要有干旱、霜冻、冰雹、风沙[227-228]。

2.2.2 样品采集与处理

2.2.2.1 样品采集

供试土壤选自宁夏中卫市香山乡红圈子村,为了保证供试土壤在种植、管理方式和土壤类型的相对一致性,对压砂地土壤灌水、施肥及施肥种类等管理措施进行调查,每个调查点尽可能为同一农户所有或者地块距离相隔不远。根据调查,选取压砂年限为 1 a、5 a、10 a、17 a、27 a、33 a、40 a 的地块作为试验的 7 个处理,以 1 年砂地为对照(CK)。2010 年 4 月~8 月在压砂瓜生长期内不同生育阶段(播前,伸蔓期,开花坐果期,膨大期),采用"S"法在距离根系 10 cm 处用土钻分层($0\sim20$ cm、$20\sim40$ cm 和 $40\sim60$ cm)采样,同一年限同一层土样以 5 个点混合,取样前用铁铲扒净砂砾。收获后,在选取地块用环刀分层采样。

2.2.2.2　样品处理

将混合的新鲜土样,清除碎石和植物残体等杂物,全部过 2 mm 筛,采用四分法取 1/4 冷藏,用于测定土壤微生物(细菌、放线菌和真菌)数量及微生物生物量。剩余部分自然风干、研磨后,全部过 1 mm 筛,其中取 2/3 装入塑封袋用于测定土壤 pH 值、全盐和速效养分(碱解氮、速效磷和速效钾)和酶活性(脲酶和磷酸酶),剩余 1/3 再研磨,过 0.25 mm 筛,用于测定有机质[229]。

2.2.3　测定项目及方法

2.2.3.1　土壤物理性质测定

（1）容重:环刀法;

（2）田间持水率[230]:环刀法。

2.2.3.2　土壤化学性质测定

（1）pH 值:pH 计测定法(水∶土＝5∶1);

（2）可溶性盐:电导率仪测定法;

（3）有机质:重铬酸钾容量法—外加热法;

（4）速效氮:碱解—扩散法;

（5）速效磷:碳酸氢钠浸提,钼蓝比色法;

（6）速效钾[231]:醋酸铵浸提,火焰光度法。

2.2.3.3　土壤微生物学性质测定

（1）土壤微生物数量:稀释平板法;

（2）土壤酶活性[232]:脲酶测定采用苯酚—次氯酸钠比色法,磷酸酶采用磷酸苯二钠比色法。

2.2.4　数据处理

采用 DPS7.05 数理统计软件对数据进行分析,LSD 法进行多重比较,Microsoft Excel 2003 软件作图。

2.3　结果与分析

2.3.1　不同压砂年限土壤物理性质的变化

2.3.1.1　土壤干容重

干容重是土壤主要物理特性之一,它的变化对植物的根系生长、生物量的积累、土壤通气性及水肥利用效率有着一定的影响[233]。由表 2-1 可知,同一土层深度中,土壤干容重随压砂年限的增大呈现高—低—高—低波浪式的变化趋势。与 1 a 砂地(CK)相比,10 a 砂地 0～60 cm 土层干容重平均值增加了 1.60％,其他年限(6 a、17 a、25 a、33 a、40 a)分别下降了 7.09%、5.20%、1.07%、8.83%和10.21%，1 a、6 a、10 a 的土壤干容重之间没有明显差异，25 a、33 a、40 a 的土壤干容重之间也没有明显差异。究其原因主要由于是随着种植年限的增长，土壤根茬不断增加，从而促进了土壤干容重的降低。南志标等研究表明，土壤干容重与植物幼苗的根、茎干质量均呈显著负相关[234]。

表 2-1　　　　　　　　　　　不同压砂年限土壤干容重变化　　　　　　　　　g·cm^{-3}

压砂年限/a	土层深度/cm			0～60 cm 平均值	增减/%
	0～20	20～40	40～60		
1(CK)	1.45±0.01ab	1.38±0.02a	1.40±0.03a	1.41±0.01ab	
6	1.35±0.04cd	1.27±0.00bc	1.32±0.07b	1.31±0.02bc	−7.09
10	1.40±0.02bc	1.30±0.01b	1.31±0.02b	1.34±0.06abc	−5.20
17	1.49±0.02a	1.39±0.03a	1.42±0.14a	1.43±0.03a	1.60
25	1.47±0.01a	1.32±0.02bc	1.39±0.00a	1.39±0.01abc	−1.07
33	1.36±0.03cd	1.22±0.01c	1.28±0.02b	1.29±0.11c	−8.83
40	1.31±0.01d	1.23±0.01c	1.26±0.01b	1.27±0.04c	−10.21

注：含量用平均值±标准差表示；小写字母表示 $P<0.05$ 水平，同一列中不同字母代表差异显著程度。

用二次曲线拟合土壤干容重(y)与压砂年限(x)之间的关系(图 2-1，表 2-2)，结果表明，在 0～20 cm、20～40 cm、40～60 cm 和 0～60 cm 平均土层，各模型相关性较低，R^2 分别为 0.494 1、0.487 9、0.448 0 和 0.457 2。根据一元二次回归模型可求出不同土层干容重达到最大时的压砂年限，在 0～20 cm、20～40 cm、40～60 cm 和 0～60 cm 土层干容重平均值达到最大值的压砂年限分别为 14 a、9 a、11 a 和 12 a，相应的最高值分别为 1.44 g·cm^{-3}、1.34 g·cm^{-3}、1.37 g·cm^{-3} 和 1.38 g·cm^{-3}。

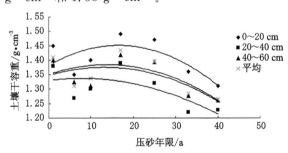

图 2-1　不同压砂年限土壤干容重变化的拟合曲线

表 2-2　　　　　　　不同压砂年限土壤干容重变化的二次回归方程

土层深度/cm	二次回归方程	相关系数 R^2	极值年限/a	极值 y/g·cm^{-3}
0～20	$y=-0.000\ 3x^2+0.008\ 3x+1.381\ 9$	0.494 1	14	1.44
20～40	$y=-0.000\ 1x^2+0.001\ 7x+1.330\ 2$	0.487 9	9	1.34
40～60	$y=-0.000\ 2x^2+0.004\ 2x+1.347\ 3$	0.448 0	11	1.37
0～60 平均值	$y=-0.000\ 2x^2+0.004\ 8x+1.351\ 2$	0.457 2	12	1.38

由图 2-2 可知,在 0～60 cm 土层深度内,0～20 cm 土层的干容重明显高于 20～40 cm 和 40～60 cm 土层,20～40 cm 土层干容重相对最低。

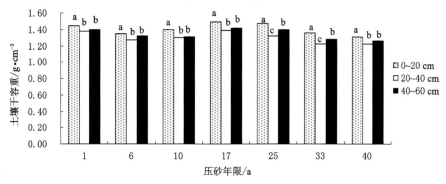

图 2-2　不同压砂年限不同深度的土壤干容重变化

2.3.1.2　田间持水率

田间持水率是土壤中悬着毛管水达到最大量时的土壤含水量,是土壤在不受地下水影响时所能保持水分的最大数量指标,也是土壤保持水分的一种基本特性,对于指导农业生产具有非常重要的意义,大量研究表明,土壤的机械组成、土壤容重和土壤有机质含量对田间持水率都有不同程度的影响[235]。

由表 2-3 可知,同一土层深度中,田间持水率随压砂年限的增大呈现低-高-低-高波浪式的变化趋势。与 1 a 砂地(CK)相比,17 a 砂地 0～60 cm 土层田间持水率平均值降低了 2.92%,其他年限(6 a、10 a、25 a、33 a、40 a)分别增大了 8.66%、2.91%、5.75%、12.07% 和 17.52%,用二次曲线拟合田间持水率(y)与压砂年限(x)之间的关系(图 2-3,表 2-4),结果表明,在 0～20 cm、20～40 cm、40～60 cm 及 0～60 cm 平均土层,各模型相关性较高,R^2 分别为 0.626 7、0.898 8、0.689 3 和 0.714 9。根据一元二次回归模型可求出不同土层田间持水率达到最大时的压砂年限,在 0～20 cm、20～40 cm、40～60 cm 和 0～60 cm 土层田间持水率平均值达到最小值的压砂年限分别为 17 a、5 a、10 a 和 12 a,相应的最高值分别为 18.91%、20.88%、20.38% 和 20.15%。

表 2-3　　　　　　　　　　不同压砂年限土壤田间持水率变化　　　　　　　　　　　%

压砂年限/a	土层深度/cm			0～60 cm 平均值	增减/%
	0～20	20～40	40～60		
1(CK)	19.28±0.11c	20.22±0.02e	20.00±0.24c	19.83±0.34de	
6	21.11±0.21b	22.04±0.14cd	21.55±0.16b	21.55±0.22bc	8.66
10	19.02±0.03cd	21.31±0.31d	20.41±2.31b	20.41±0.51cde	2.91
17	18.40±0.14d	20.00±0.13e	19.25±0.51c	19.25±0.42e	−2.92
25	19.00±0.02cd	22.82±0.32bc	20.97±0.16b	20.97±0.34bcd	5.75
33	20.71±0.04b	23.14±0.04b	22.22±0.24a	22.22±0.57ab	12.07
40	21.94±0.21a	24.72±0.23a	23.30±0.18a	23.30±0.15a	17.52

注:含量用平均值±标准差表示;小写字母表示 $P<0.05$ 水平,同一列中不同字母代表差异显著程度。

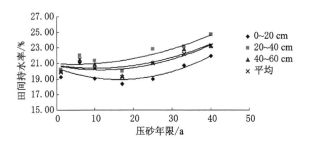

图 2-3　不同压砂年限土壤田间持水率变化的拟合曲线

表 2-4　　　　　　不同压砂年限土壤田间持水率变化的二次回归方程

土层深度/cm	二次回归方程	相关系数 R^2	极值年限/a	极值 y/%
0～20	$y = 0.005\,4x^2 - 0.178\,6x + 20.383$	0.626 7	17	18.91
20～40	$y = 0.003x^2 - 0.028\,6x + 20.951$	0.898 8	5	20.88
40～60	$y = 0.003\,6x^2 - 0.073\,8x + 20.763$	0.689 3	10	20.38
0～60 平均值	$y = 0.004x^2 - 0.093\,7x + 20.699$	0.714 9	12	20.15

　　由图 2-4 可知,在 0～60 cm 土层深度内,20～40 cm 土层的田间持水率明显高于 0～20 cm 和 40～60 cm 土层,差异显著,0～20 cm 土层田间持水率相对最低。

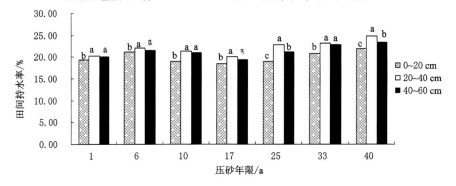

图 2-4　不同压砂年限不同深度的土壤田间持水率变化

2.3.1.3　土壤干容重与田间持水率的相关性分析

　　图 2-5 表明,用直线拟合土壤干容重(y)与田间持水率(x)之间的关系存在显著负相关,拟合方程为 $y = -20.19x + 48.306$,$R^2 = 0.862\,4$,说明田间持水率与土壤干容重呈线性密切相关[236]。

2.3.2　不同压砂年限土壤化学性质的变化

2.3.2.1　土壤 pH 值

　　土壤酸碱度是土壤的重要属性之一,对土壤养分的有效性、土壤性状、微生物的活动及作物的生长发育等均有明显的影响[230]。由表 2-5 可知,在同一土层深度中,土壤 pH 值随压砂年限的增大呈现先增加后下降的趋势,其变化曲线呈凸抛物线型,随着压砂年限的增

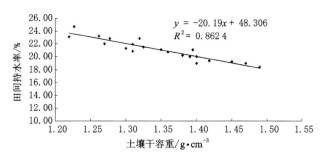

图 2-5　土壤干容重与田间持水率间的关系

加,pH 值随之增加,当增加到一定程度时,pH 值反而下降。与 1 a 砂地(CK)相比,其他年限(6 a、10 a、17 a、25 a、33 a、40 a)0～60 cm 土层 pH 平均值均增加,分别增加了 2.34%、3.30%、4.16%、4.33%、4.16%和 4.33%,1 a 砂地和其他年限的土壤 pH 值之间差异达显著水平,而其他年限的土壤 pH 值之间没有明显差异,变化较为平缓。

表 2-5　　　　　　　　　　　不同压砂年限土壤 pH 变化

压砂年限/a	土层深度/cm			0～60 cm 平均值	增减/%
	0～20	20～40	40～60		
1(CK)	8.68±0.01c	8.76±0.02d	8.85±0.06d	8.77±0.08Ba	
6	8.88±0.04b	8.95±0.07c	9.10±0.04c	8.98±0.11a	2.34
10	8.92±0.09ab	9.11±0.10ab	9.18±0.01bc	9.07±0.14a	3.40
17	8.98±0.01ab	9.14±0.07a	9.29±0.02b	9.14±0.14a	4.16
25	9.03±0.04a	9.12±0.03ab	9.30±0.08b	9.15±0.13a	4.33
33	8.97±0.00ab	9.08±0.03abc	9.36±0.13ab	9.14±0.19a	4.16
40	8.94±0.08ab	9.01±0.04bc	9.51±0.11a	9.15±0.28b	4.33

注:含量用平均值±标准差表示;小写字母表示 $P<0.05$ 水平同一列中不同字母代表差异显著程度。

通过对不同压砂年限土壤 pH 值的测定结果进行回归分析(图 2-6、表 2-6),结果表明,在 0～20 cm、20～40 cm、40～60 cm 及 0～60 cm 平均土层,模型相关性好,R^2 分别为 0.945 9、0.898 8、0.913 2 和 0.921 2。根据回归模型可求出不同土层 pH 值达到最大时的压砂年限,在 0～20 cm、20～40 cm、40～60 cm 及 0～60 cm 土层 pH 平均值达到最大值的压砂年限分别为 26 a、24 a、44 a 和 29 a,相应的最高值分别为 9.06、9.18、9.47 和 9.20。

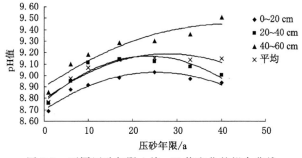

图 2-6　不同压砂年限土壤 pH 值变化的拟合曲线

表 2-6 不同压砂年限土壤 pH 值变化的二次回归方程

土层深度/cm	二次回归方程	相关系数 R^2	极值年限/a	极值 y
0~20	$y = -0.000\,5x^2 + 0.026\,1x + 8.696\,2$	0.945 9	26	9.06
20~40	$y = -0.000\,7x^2 + 0.033\,9x + 8.768\,2$	0.898 8	24	9.18
40~60	$y = -0.000\,3x^2 + 0.026\,1x + 8.898\,0$	0.913 2	44	9.47
0~60 平均值	$y = -0.000\,5x^2 + 0.028\,7x + 8.787\,4$	0.921 2	29	9.20

由图 2-7 可知,在 0~60 cm 土层深度内,同一压砂年限的土壤 pH 值随土层深度的增加呈明显上升趋势,0~20 cm 土层和 40~60 cm 土层的土壤 pH 值之间差异达显著水平。

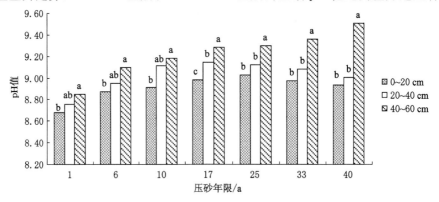

图 2-7 不同压砂年限不同深度的土壤 pH 值变化

对于压砂地土壤,其 pH 值过高,趋于碱性,不利于甜瓜的生长发育。虽然甜瓜对土壤酸碱度的要求不甚严格,但其最适宜的 pH 值为 6~6.8。因此,需要采取适当的措施进行调节,改良土壤碱性,在一般情况下可以施用有机肥,利用有机肥分解时释放出的大量 CO_2,以增加土壤中 $CaCO_3$ 的溶解度,削弱其碱度,从而来降低土壤的 pH 值[230]。杨丽娟研究表明降低土壤 pH 值可以有效提高磷、铁、锰等营养元素的活性[237]。

2.3.2.2　土壤全盐量

由表 2-7 可知,同一土层深度中,土壤全盐量随压砂年限的增大呈现由高—低—高—低的变化趋势。0~60 cm 土层平均含盐量变异范围为 0.34~0.81 g·kg^{-1},1 a 砂地全盐量最高,与之相比,其他年限(6 a、10 a、17 a、25 a、33 a、40 a)全盐含量分别下降了 57.43%、37.05%、27.84%、50.15%、52.09% 和 51.12%,1 a 砂地和其他年限的土壤全盐量之间差异达显著水平,10 a、17 a、25 a、33 a 和 40 a 的土壤全盐量之间没有明显差异,变化较为平缓[229]。

表 2-7 不同压砂年限土壤全盐量变化 g·kg^{-1}

压砂年限/a	土层深度/cm			0~60 cm 平均值	增减/%
	0~20	20~40	40~60		
1(CK)	0.64±0.17a	0.83±0.07a	0.97±0.07a	0.81±0.17a	
6	0.30±0.01b	0.36±0.04cd	0.38±0.03d	0.34±0.04b	−57.43

压砂年限/a	土层深度/cm			0～60 cm 平均值	增减/%
	0～20	20～40	40～60		
10	0.42±0.08b	0.44±0.01c	0.68±0.18bc	0.51±0.15bc	−37.05
17	0.36±0.03b	0.59±0.05b	0.82±0.08ab	0.58±0.21c	−27.84
25	0.30±0.01b	0.43±0.04c	0.49±0.12cd	0.40±0.10c	−50.15
33	0.31±0.03b	0.31±0.03d	0.55±0.02cd	0.39±0.13c	−52.09
40	0.31±0.04b	0.32±0.01d	0.55±0.55cd	0.40±0.13c	−51.12

注:含量用平均值±标准差表示;小写字母表示 $P < 0.05$ 水平,同一列中不同字母代表差异显著程度。

通过对不同压砂年限土壤全盐量测定结果进行回归分析[229](图 2-8、表 2-8),结果表明,在 0～20 cm、20～40 cm、40～60 cm 及 0～60 cm 平均土层,压砂年限与土壤全盐量的关系均符合一元二次多项式回归模型,模型相关性较低,R^2 分别为 0.605 3、0.471 9、0.205 4 和 0.403 6,拟合曲线呈开口向上的抛物线;根据回归模型可得出不同土层全盐量达到最小值时的压砂年限,在 0～20 cm、20～40 cm、40～60 cm 和 0～60 cm 土层全盐量平均值达到最小值的压砂年限分别为 26 a、45 a、27 a 和 30 a,相应的最小值分别为 0.30 g·kg^{-1}、0.28 g·kg^{-1} 0.58 g·kg^{-1} 和 0.41 g·kg^{-1}。

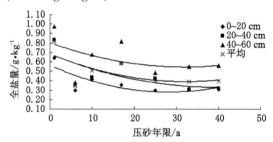

图 2-8　不同压砂年限土壤全盐量变化的拟合曲线

表 2-8　　　　　　　　不同压砂年限土壤全盐量变化的二次回归方程

土层深度/cm	二次回归方程	相关系数 R^2	极值年限/a	极值 y/g·kg^{-1}
0～20	$y = 0.000\ 4x^2 - 0.020\ 4x + 0.564\ 6$	0.605 3	26	0.30
20～40	$y = 0.000\ 2x^2 - 0.017\ 8x + 0.680\ 2$	0.471 9	45	0.28
40～60	$y = 0.000\ 3x^2 - 0.016\ 2x + 0.802\ 3$	0.205 4	27	0.58
0～60 平均值	$y = 0.000\ 3x^2 - 0.018\ 1x + 0.682\ 4$	0.403 6	30	0.41

由图 2-9 可知,在土层深度 0～60 cm 内,同一压砂年限的土壤全盐量随土层深度的增加呈上升趋势,1 a、6 a、10 a 和 25 a 的不同土层深度土壤全盐量之间均无明显差异,17 a、233 a 和 40 a 的 0～20 cm 土层与 0～60 cm 土层全盐量之间差异达显著水平。其原因主要在于压砂可有效降低浅层土壤盐渍化,但在土壤深度 40 cm 以下,全盐量骤然升高,主要归因于缺少雨水淋溶和少灌水量,致使下层淋洗时间短,加之相对较高的温度,水分蒸散量大,使得土壤盐分积聚。

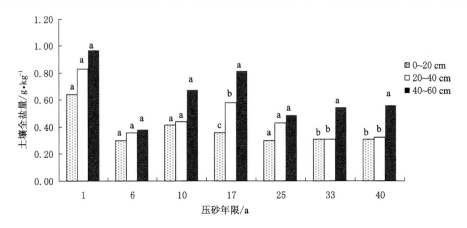

图 2-9 不同压砂年限不同深度的土壤全盐量变化

2.3.2.3 土壤有机质

土壤有机质是土壤肥力高低以及土壤—作物生态系统发展和衰退的重要指标。由不同深度不同压砂年限土壤有机质含量的变化(表 2-9)可知,同一土层深度中,土壤有机质含量随压砂年限的增大呈现下降趋势。0～60 cm 土层平均有机质含量变异范围为 3.55～5.81 g·kg^{-1},1 a 砂地有机质含量最高,与之相比,其他年限(6 a、10 a、17 a、25 a、33 a、40 a)有机质分别下降了 8.66%、14.92%、23.16%、30.80%、35.39%和 38.85%,压砂 40 年土壤有机质含量年均下降率为 1.26%。在 0～60 cm 土层内,1 a 砂地与 6 a 的土壤有机质含量之间无明显差异;与 10 a、17 a、25 a、33 a、40 a 的土壤有机质含量之间差异达显著水平;6 a 与 10 a、10 a 与 25 a、25 a 与 33 a、33 a 和 40 a 的土壤有机质含量之间无明显差异。

表 2-9 　　　　　　　　不同压砂年限土壤有机质含量变化　　　　　　　　　g·kg^{-1}

压砂年限/a	土层深度/cm			0～60 cm 平均值	增减/%
	0～20	20～40	40～60		
1(CK)	6.47±0.39a	5.67±0.49a	5.32±0.25a	5.81±0.60a	
6	5.95±0.25ab	5.26±0.11ab	4.72±0.12b	5.31±0.57ab	−8.66
10	5.46±0.20bc	5.11±0.13b	4.27±0.05c	4.94±0.56bc	−14.92
17	5.22±0.19c	4.43±0.09c	3.75±0.08d	4.46±0.66cd	−23.16
25	4.45±0.50d	4.14±0.08cd	3.48±0.11de	4.02±0.50de	−30.80
33	4.22±0.13d	3.70±0.19d	3.35±0.09e	3.75±0.41e	−35.39
40	4.01±0.26d	3.65±0.16d	3.01±0.16f	3.55±0.48e	−38.85

注:含量用平均值±标准差表示;小写字母表示 P<0.05 水平,同一列中不同字母代表差异显著程度。

通过对不同压砂年限土壤有机质含量测定结果进行回归分析(图 2-10、表 2-10),结果表明,在 0～20 cm、20～40 cm、40～60 cm 和 0～60 cm 平均土层,压砂年限与土壤有机质含量的关系均符合一元二次多项式回归模型,模型相关性高,R^2 分别为 0.988 3、0.989 8、0.983 1和 0.999 2,拟合曲线呈开口向下的抛物线型。根据回归模型可求出不同土层有机质含量达到最小值时的压砂年限,在 0～20 cm、20～40 cm、40～60 cm 和 0～60 cm 土层有机质平均含量达到最小值的压砂年限分别为 49 a、50 a、40 a 和 47 a,相应的最小值分别为 3.93 g·kg^{-1}、3.52 g·kg^{-1}、3.06 g·kg^{-1} 和 3.45 g·kg^{-1}。

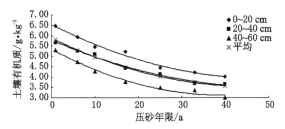

图 2-10　不同压砂年限土壤有机质含量变化的拟合曲线

表 2-10　　　　　不同压砂年限土壤有机质含量变化的二次回归方程

土层深度/cm	二次回归方程	相关系数 R^2	极值年限/a	极值 y/g·kg^{-1}
0～20	$y = 0.001\,1x^2 - 0.107\,2x + 6.546\,5$	0.988 3	49	3.93
20～40	$y = 0.000\,9x^2 - 0.090\,5x + 5.791\,7$	0.989 8	50	3.52
40～60	$y = 0.001\,4x^2 - 0.113\,3x + 5.348\,4$	0.983 1	40	3.06
0～60 平均值	$y = 0.001\,1x^2 - 0.103\,7x + 5.895\,5$	0.999 2	47	3.45

由图 2-11 可知,在土层深度 0～60 cm 内,同一压砂年限的土壤有机质含量随土层深度的增加呈下降趋势,1 a 的不同土层深度土壤有机质含量之间均无明显差异,17 a 的不同土层深度土壤有机质含量之间差异显著,6 a、10 a、25 a、33 a 和 40 a 的 0～20 cm 土层与 0～60 cm 土层有机质含量之间差异达显著水平。

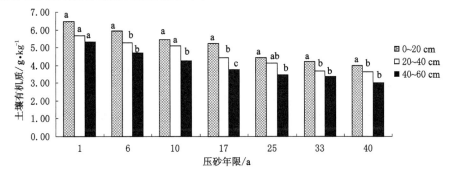

图 2-11　不同压砂年限不同深度的土壤有机质含量变化

由上述内容可见,压砂地土壤有机质含量逐年逐层减少,一方面不利于作物的正常生长发育,另一方面将加重土壤板结致使砂田老化,从而导致压砂瓜产量下降,这与压砂瓜生长需疏松的土壤环境是相违背的[238]。随着压砂年限的增长土壤有机质含量减少的原因主要在于以下两个方面:① 由于压砂造成施肥不便,同时因有机质肥源不足农户减少了有机肥的施用量。虽然多年施用有机肥,但作物吸收量已超过供给量,造成土壤有机质偏低[239-240]。② 压砂地施用的有机肥以牲畜粪便为主,此类肥料含速效性养分含量多,纤维素较少,同时分解速度快,对土壤腐殖质形成贡献不大。同时,压砂地白天膜内土壤温度高,微生物活动旺盛,有机质矿化快,积累少[241]。

2.3.2.4　土壤碱解氮

在农业生产中，氮素通常是限制作物产量的主导因素，是植物生长发育必不可少的营养元素之一，对作物品质也有着重要的影响[242]。碱解氮含量代表土壤供氧强度，是土壤有效氮的指标。由表 2-11 可知，同一土层深度中，压砂地土壤碱解氮含量随压砂年限的增大呈现下降趋势。其原因在于长期施有机肥不足，造成砂田氮素的严重匮乏，致使作物产量显著下降。在 $0\sim60$ cm 土层不同年限压砂地平均碱解氮含量变异范围为 $14.06\sim30.14$ mg·kg^{-1}，1 a 砂地碱解氮含量最高，其他年限（6 a、10 a、17 a、25 a、33 a、40 a）碱解氮含量与之相比，分别下降了 14.85%、22.12%、28.06%、34.24%、42.41% 和 49.83%，压砂 40 年土壤碱解氮含量年均下降率为 1.94%。在 $0\sim60$ cm 土层平均碱解氮含量中，1 a 砂地与其他年限的土壤碱解氮含量之间差异达显著水平；6 a 与 10 a、25 a 之间无明显差异；25 a 与 33 a、40 a 之间无明显差异。

表 2-11　　　　　　　　　不同压砂年限土壤碱解氮含量变化　　　　　　　　　mg·kg^{-1}

压砂年限/a	土层深度/cm			$0\sim60$ cm 平均值	增减/%
	$0\sim20$	$20\sim40$	$40\sim60$		
1(CK)	35.50±1.97a	32.02±1.41a	22.90±0.69a	30.14±5.93a	
6	28.71±0.98b	23.82±0.41b	19.06±0.90b	23.68±4.36b	−14.85
10	25.96±0.22c	20.97±1.31c	18.55±0.24b	21.82±3.43bc	−22.12
17	25.19±0.43c	19.60±0.82c	15.68±0.47c	20.16±4.30bcd	−28.06
25	23.98±0.04c	17.31±0.47d	13.99±0.76d	18.43±4.57cde	−34.24
33	20.41±0.84d	15.40±1.30de	12.61±0.37e	16.14±3.61de	−42.41
40	16.60±0.57e	13.30±0.27e	12.27±0.18e	14.06±2.04e	−49.83

注：含量用平均值±标准差表示；小写字母表示 $P<0.05$ 水平，同一列中不同字母代表差异显著程度。

通过对不同压砂年限土壤碱解氮含量测定结果进行回归分析（图 2-12、表 2-12），结果表明，在 $0\sim20$ cm、$20\sim40$ cm、$40\sim60$ cm 和 $0\sim60$ cm 平均土层，压砂年限与土壤碱解氮含量的关系均符合一元二次多项式回归模型，模型相关性高，R^2 分别为 0.907 2、0.926 9 和 0.986 7，拟合曲线呈开口向下的抛物线型。依据回归模型分别计算出不同土层碱解氮含量达到最小值时的压砂年限，在 $0\sim20$ cm、$20\sim40$ cm、$40\sim60$ cm 和 $0\sim60$ cm 土层碱解氮平均含量达到最小值的压砂年限分别为 62 a、37 a、39 a 和 43 a，相应的最小值分别为 15.47 mg·kg^{-1}、14.27 mg·kg^{-1}、12.31 mg·kg^{-1} 和 14.71 mg·kg^{-1}。

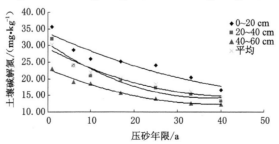

图 2-12　不同压砂年限土壤碱解氮含量变化的拟合曲线

表 2-12　　　　　　　　　不同压砂年限土壤碱解氮含量变化的二次回归方程

土层深度/cm	二次回归方程	相关系数 R^2	极值年限/a	极值 y/(mg·kg^{-1})
0～20	$y = 0.004\ 7x^2 - 0.586x + 33.735$	0.907 2	62	15.47
20～40	$y = 0.011\ 9x^2 - 0.882\ 33x + 30.624$	0.926 9	37	14.27
40～60	$y = 0.006\ 9x^2 - 0.542x + 22.956$	0.986 7	39	12.31
0～60 平均值	$y = 0.007\ 8x^2 - 0.670\ 1x + 29.105$	0.944 9	43	14.71

由图 2-13 可知,在土层深度 0～60 cm 内,同一压砂年限的土壤碱解氮含量随土层深度的增加呈下降趋势,1 a 的 0～20 cm 土层与 20～40 cm 土层之间无明显差异,与 40～60 cm 土层之间差异显著;土壤碱解氮含量与 6 a、17 a 和 25 a 的不同土层深度土壤碱解氮含量之间差异显著;10 a、33 a 和 40 a 的 0～20 cm 土层土壤碱解氮含量与 20～40 cm、40～60 cm 之间差异达显著水平,20～40 cm 与 40～60 cm 之间无明显差异。

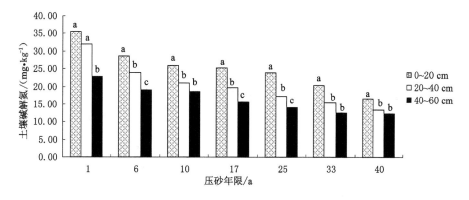

图 2-13　不同压砂年限不同深度的土壤碱解氮含量变化

2.3.2.5　土壤速效磷

土壤磷素是影响土壤肥力的重要因素之一,是一种沉积性的矿物,能加强碳水化合物的组成和运转,并促进氮化物和脂肪的合成,能明显提高作物对外界环境的适应性[238]。土壤中可吸收磷的积累不仅能促使获得高额的产量,而且还能提高作物抗高温和低温的能力、加速成熟、增加总生物产量中籽粒的比例,改善产品的质量。由表 2-13 可知,同一土层深度中,压砂地土壤速效磷含量随压砂年限的增大呈现下降趋势,分析其原因,可能由于磷肥的缓效性、弱的淋溶迁移性和农户不同的施磷肥习惯等原因造成的。在 0～60 cm 土层不同年限压砂地平均速效磷含量变异范围为 3.05～7.69 mg·kg^{-1},1 a 砂地速效磷含量最高,其他年限(6 a、10 a、17 a、25 a、33 a、40 a)速效磷含量与之相比,分别下降了 25.41%、36.23%、43.26%、51.38%、55.87% 和 60.28%,压砂 40 a 土壤速效磷含量年均下降率为 2.34%。在 0～60 cm 土层平均速效磷含量中,1 a 砂地与其他年限的土壤速效磷含量之间差异达显著水平;10 a 与 17 a 、17 a 与 25 a 之间无明显差异;25 a 与 33 a、40 a 之间无明显差异。

表 2-13　　　　　　　　　　　　不同压砂年限土壤速效磷含量变化　　　　　　　mg·kg⁻¹

压砂年限/a	土层深度/cm			0~60 cm 平均值	增减/%
	0~20	20~40	40~60		
1(CK)	9.08±0.37a	7.97±0.31a	6.03±0.13a	7.69±1.40a	
6	6.57±0.06b	6.05±0.04b	4.60±0.25b	5.74±0.92b	−25.41
10	5.43±0.06c	4.90±0.06c	4.39±0.25b	4.90±0.48c	−36.23
17	4.60±0.18d	4.29±0.16d	4.21±0.15b	4.36±0.23cd	−43.26
25	4.16±0.25de	3.68±0.06e	3.39±0.28c	3.74±0.39de	−51.38
33	3.80±0.03ef	3.45±0.03de	2.93±0.04c	3.39±0.39e	−55.87
40	3.32±0.32f	3.05±0.07f	2.80±0.56c	3.05±0.37e	−60.28

注:含量用平均值±标准差表示;小写字母表示 $P<0.05$ 水平,同一列中不同字母代表差异显著程度。

　　通过对不同压砂年限土壤速效磷含量测定结果进行回归分析(图 2-14、表 2-14),结果表明,在 0~20 cm、20~40 cm、40~60 cm 和 0~60 cm 平均土层,压砂年限与土壤速效磷含量的关系均符合一元二次多项式回归模型,模型相关性高,R^2 分别为 0.942 2、0.958 5、0.940 8 和 0.954 5,拟合曲线呈开口向下的抛物线。依据回归模型分别计算出不同土层速效磷含量达到最小值时的压砂年限,在 0~20 cm、20~40 cm、40~60 cm 和 0~60 cm 土层速效磷平均含量达到最小值的压砂年限分别为 32 a、33 a、42 a 和 34 a,相应的最小值分别为 3.45 mg·kg⁻¹、3.15 mg·kg⁻¹、2.85 mg·kg⁻¹ 和 3.19 mg·kg⁻¹。

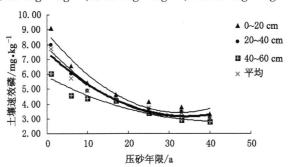

图 2-14　不同压砂年限土壤速效磷含量变化的拟合曲线

表 2-14　　　　　　　　不同压砂年限土壤速效磷含量变化的二次回归方程

土层深度/cm	二次回归方程	相关系数 R^2	极值年限/a	极值 y/mg·kg⁻¹
0~20	$y = 0.005\,1x^2 - 0.330\,3x + 8.796\,8$	0.942 2	32	3.45
20~40	$y = 0.004\,3x^2 - 0.283\,6x + 7.827\,4$	0.958 5	33	3.15
40~60	$y = 0.001\,7x^2 - 0.142\,4x + 5.832\,8$	0.940 8	42	2.85
0~60 平均值	$y = 0.003\,7x^2 - 0.252\,1x + 7.485\,8$	0.954 5	34	3.19

　　由图 2-15 可知,在土层深度 0~60 cm 内,同一压砂年限的土壤速效磷含量随土层深度的增加呈下降趋势,1 a、6 a、10 a 和 33 a 的不同土层深度土壤速效磷含量之间差异显著;17 a 和 40 a 的不同土层深度土壤速效磷含量之间无明显差异。

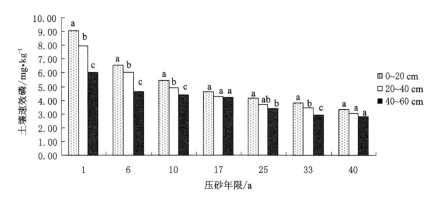

图 2-15　不同压砂年限不同深度的土壤速效磷含量变化

2.3.2.6　土壤速效钾

土壤钾素是有机体重要的生活因素之一,它在土壤中的移动性较强,瓜类对钾的需要量比较多。植物钾供应的基本来源是土壤中得钾,它的储存量随着土质颗粒的分散度的增加而增长。钾肥的作用在很大程度上取决于土壤—气候条件、植物的生物学特性和总的农业生产水平。根据营养均衡原理,作物在增加对氮、磷需求的同时,也应该增加对钾的需求[242]。

由表 2-15 可知,同一土层深度中,压砂地土壤速效钾含量随压砂年限的增大呈现下降趋势。其原因在于长期不施或者少施钾肥,造成砂田钾素的缺少,且常年浅层耕作不利于 K 素的矿化。在 0～60 cm 土层不同年限压砂地平均速效钾含量变异范围为 85.50～187.00 mg·kg^{-1},1 a 砂地速效钾含量最高,其他年限(6 a、10 a、17 a、25 a、33 a、40 a)速效钾含量与之相比,分别下降了 21.75%、32.00%、36.19%、44.83%、48.22% 和 54.28%,压砂 40 a 土壤速效钾含量年均下降率为 1.99%。在 0～60 cm 土层平均速效钾含量中,1 a 砂地与其他年限的土壤速效钾含量之间差异达显著水平;6 a 与 10 a、17 a 之间无明显差异;25 a 与 33 a、40 a 之间无明显差异。

表 2-15	不同压砂年限土壤速效钾含量变化				mg·kg^{-1}
压砂年限/a	土层深度/cm			0～60 cm 平均值	增减/%
	0～20	20～40	40～60		
1(CK)	214.00±31.11a	192.00±5.66a	155.00±1.41a	187.00±30.19a	
6	175.00±4.24b	141.00±7.07b	123.00±1.43b	146.33±23.91b	−21.75
10	157.00±4.24b	125.00±18.38bc	99.50±7.78c	127.17±27.34bc	−32.00
17	150.00±9.90bc	118.50±0.71c	89.50±0.71d	119.33±27.43bcd	−36.19
25	121.00±4.24cd	107.00±12.73cd	81.50±2.12de	103.17±18.91cde	−44.83
33	125.00±9.90cd	92.00±2.83d	73.50±6.36ef	96.83±23.95de	−48.22
40	102.00±2.83d	86.00±5.66d	68.50±2.12f	85.50±15.28e	−54.28

注:含量用平均值±标准差表示;小写字母表示 $P<0.05$ 水平,同一列中不同字母代表差异显著程度。

通过对不同压砂年限土壤速效钾含量测定结果进行回归分析(图 2-16、表 2-16),结果表明,在0～20 cm、20～40 cm、40～60 cm 和0～60 cm 平均土层,压砂年限与土壤速效钾含量的关系均符合一元二次多项式回归模型,模型相关性高,R^2 分别为0.943 7、0.913 9、0.955 2和0.946 9,拟合曲线呈开口向上的抛物线。依据回归模型分别计算出不同土层速效钾含量达到最小值时的压砂年限,在0～20 cm、20～40 cm、40～60 cm 和0～60 cm 土层速效钾平均含量达到最小值的压砂年限分别为41 a、35 a、33 a 和36 a,相应的最小值分别为109.16 mg·kg^{-1}、89.37 mg·kg^{-1} 69.63 mg·kg^{-1}和90.04 mg·kg^{-1}。

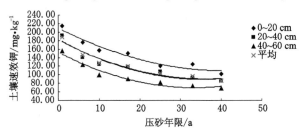

图2-16 不同压砂年限土壤速效钾含量变化的拟合曲线

表2-16　　　　　　　　不同压砂年限土壤速效钾含量变化的二次回归方程

土层深度/cm	二次回归方程	相关系数 R^2	极值年限/a	极值 y/mg·kg^{-1}
0～20	$y = 0.06x^2 - 4.912\ 1x + 209.7$	0.943 7	41	109.16
20～40	$y = 0.075\ 6x^2 - 5.323\ 4x + 183.08$	0.913 9	35	89.37
40～60	$y = 0.075\ 4x^2 - 5.008\ 9x + 152.82$	0.955 2	33	69.63
0～60平均值	$y = 0.070\ 3x^2 - 5.081\ 5x + 181.87$	0.946 9	36	90.04

由图2-17可知,在土层深度0～60 cm 内,同一压砂年限的土壤速效钾含量随土层深度的增加呈下降趋势,1 a、10 a 的0～20 cm 土层与20～40 cm 土层之间无明显差异,与40～60 cm 土层之间差异显著;6 a、33 a 的0～20 cm 土层与20～40 cm 和40～60 cm 之间存在显著性差异,20～40 cm 与40～60 cm 之间无明显差异;17 a 和40 a 的不同土层深度土壤速效钾含量之间差异显著。

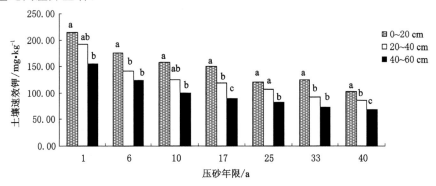

图2-17 不同压砂年限不同深度的土壤速效钾含量变化

2.3.2.7　土壤肥力间的相关分析

土壤肥力间存在不同程度的相关关系,该关系能够有效反映土壤供肥能力和对逆境的适应能力等重要因素,土壤肥力互相作用,彼此共同促进土壤环境的改善[243]。由表 2-17 可知,土壤 pH 值与土有机质、碱解氮、速效磷和速效钾呈极显著负相关;土壤全盐与有机质、碱解氮、速效磷和速效钾之间关系不显著;土壤有机质与碱解氮、速效磷和速效钾呈极显著正相关;土壤碱解氮与速效磷和速效钾呈极显著正相关;土壤速效磷与速效钾呈极显著正相关[244]。

表 2-17 土壤肥力间的相关分析

土壤肥力	pH 值	全盐 /g·kg⁻¹	有机质 /g·kg⁻¹	碱解氮 /mg·kg⁻¹	速效磷 /mg·kg⁻¹	速效钾 /mg·kg⁻¹
pH 值	1					
全盐/g·kg⁻¹	−0.707	1				
有机质/g·kg⁻¹	−0.886**	0.615	1			
碱解氮/mg·kg⁻¹	−0.928**	0.732	0.974**	1		
速效磷/mg·kg⁻¹	−0.965**	0.724	0.969**	0.991**	1	
速效钾/mg·kg⁻¹	−0.955**	0.725	0.971**	0.993**	0.999**	1

注:$n=7$,$r_{0.01}=0.874$,$r_{0.05}=0.754$,* 表示显著水平,** 表示极显著水平。

2.3.3 不同年限压砂地土壤生物学性质变化

2.3.3.1 压砂年限对土壤微生物区系组成的影响

在 0～20 cm 土层深度,不同压砂年限土壤微生物数量结果表明(表 2-18、图 2-18、图 2-19、图 2-20),细菌和放线菌的数量均随着压砂年限的增大呈现先上升后下降趋势,压砂 6 年内,土壤水热条件尚好,土壤微生物活性也较强,细菌和放线菌的数量呈现增加趋势,随着压砂年限的增大,砂田的蓄水保墒及增温效应逐渐降低,土壤紧实,通气性较差,土壤微生物活性减弱,细菌、真菌和放线菌的含量也逐渐降低;土壤微生物总量以细菌最多,放线菌次之,真菌最少。土壤菌类的数量与土壤含水率、有机质及 pH 值密切相关,在作物栽培中,需要加强土壤有机质的施入,以及调控土壤 pH 值,以满足土壤微生物生长的需要,提高作物生长发育的需要[245]。

表 2-18 不同压砂年限土壤微生物数量变化

压砂年限/a	细菌(10³个/g 干土)	真菌(个/g 干土)	放线菌(10³个/g 干土)
1	188.00	608.26	5.29
6	220.32	665.64	4.48
10	162.00	529.20	2.81
17	126.36	413.00	2.62
25	66.96	270.00	2.59
33	65.88	247.60	2.02
40	54.54	208.00	1.84

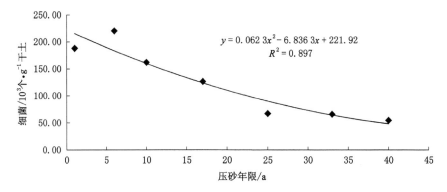

图 2-18　不同压砂年限土壤细菌数量变化的拟合曲线

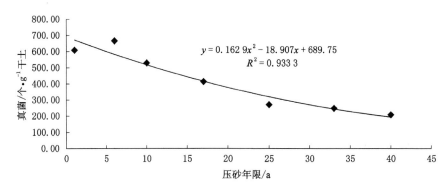

图 2-19　不同压砂年限土壤真菌数量的拟合曲线

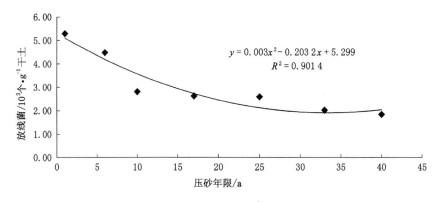

图 2-20　不同压砂年限土壤放线菌数量的拟合曲线

2.3.3.2　压砂年限对土壤酶活性的影响

　　土壤酶是土壤的组成部分之一,是一类比较稳定的蛋白质。与一般蛋白质不同,酶具有特殊的催化能力,属于一种生物催化剂,参与土壤中的生物化学反应,并具有与环境的统一性。土壤是酶类催化反应的良好介质。它能为各种酶类提供酶促条件,如温度、pH、水分、基质等。土壤与酶的吸附结合作用,能防止酶的钝化失活。目前,已发现土壤中有数十种酶。这些酶在植物营养物质转化中起着重要的作用,并与土壤微生物一起共同推动土壤生物化学的全过程[246]。

2.3.3.2.1　土壤脲酶活性的变化

土壤脲酶对尿素转化作用具有重大影响,与土壤供氮能力有着十分密切的关系,对施入土壤尿素的利用率影响很大,通常可用土壤脲酶活性表征土壤的氮素状况[247]。由表 2-19 可知,在同一土层中,压砂地土壤脲酶活性随压砂年限的增大呈现下降趋势。在 0～60 cm 土层,不同年限压砂地平均脲酶活性变异范围为 3.75～10.70 mg·g^{-1},1 a 砂地土壤脲酶活性最高,其他年限(6 a、10 a、17 a、25 a、33 a、40 a)脲酶活性与之相比,分别下降了10.34%、30.87%、35.63%、37.90%、58.53 和 64.94%,压砂 40 a 土壤脲酶活性年均下降率为 2.65%。在 0～60 cm 土层的平均脲酶活性中,1 a、6 a 砂地与其他年限之间差异达显著水平;10 a 与 17 a 、25 a 之间无明显差异;33 a 与 40 a 之间无明显差异。

表 2-19　　　　　　　　不同压砂年限土壤脲酶活性变化　　　　　　　　mg·g^{-1}

压砂年限/a	土层深度/cm			0～60 cm 平均值	增减/%
	0～20	20～40	40～60		
1(CK)	12.19±0.04a	10.34±0.52a	9.59±0.52a	10.70±1.24a	
6	10.47±0.09b	9.44±0.06a	8.88±0.06b	9.59±0.74a	−10.34
10	9.27±0.37bc	6.81±0.12b	6.12±0.12c	7.40±1.50b	−30.87
17	8.49±0.14c	6.71±0.16b	5.46±0.16d	6.89±1.38b	−35.63
25	8.20±0.23c	6.65±0.32b	5.10±0.32d	6.65±1.40b	−37.90
33	5.97±0.50d	4.13±0.04c	3.22±0.04e	4.44±1.31c	−58.53
40	4.86±1.51d	3.22±0.31c	3.18±0.31e	3.75±1.25c	−64.94

注:含量用平均值±标准差表示;小写字母表示 $P<0.05$ 水平,同一列中不同字母代表差异显著程度。

通过对不同压砂年限土壤脲酶活性测定结果进行回归分析(图 2-21、表 2-20),结果表明,在 0～20 cm、20～40 cm、40～60 cm 和 0～60 cm 平均土层,压砂年限与土壤脲酶活性的关系均符合一元二次多项式回归模型,模型相关性高,R^2 分别为 0.957 3、0.910 5、0.940 7 和 0.943 4,拟合曲线呈开口向上的抛物线。依据回归模型分别计算出不同土层脲酶活性达到最小值时的压砂年限,在 0～20 cm、20～40 cm、40～60 cm 和 0～60 cm 平均土层脲酶活性达到最小值的压砂年限分别为 126 a、97 a、43 a 和 68 a,相应的最小值分别为 −0.73 mg·g^{-1}、−0.16 mg·g^{-1}、3.22 mg·g^{-1} 和 157.93 mg·g^{-1}。

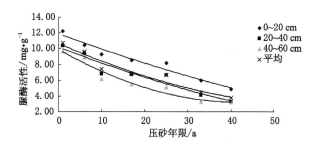

图 2-21　不同压砂年限土壤脲酶活性变化的拟合曲线

表 2-20 不同压砂年限土壤脲酶活性变化的二次回归方程

土层深度/cm	二次回归方程	相关系数 R^2	极值年限/a	极值 $y/\text{mg} \cdot \text{g}^{-1}$
0~20	$y = 0.000\,8x^2 - 0.200\,8x + 11.873$	0.957 3	126	−0.73
20~40	$y = 0.001\,1x^2 - 0.213\,5x + 10.200$	0.910 5	97	−0.16
40~60	$y = 0.003\,7x^2 - 0.314\,6x + 9.904\,5$	0.940 7	43	3.22
0~60 平均值	$y = 0.001\,8x^2 - 0.243x + 10.659$	0.943 4	68	2.46

由图 2-22 可知,在垂直剖面 0~20 cm 土层的脲酶活性明显比下层的高。0~20 cm 以下各层土壤脲酶活性随土层深度的增加逐渐减小。除 40 a 外,其他年限的 0~20 cm 土层与其他土层之间差异显著,说明在土壤表层由于有机物积累较多,温度高,为土壤微生物创造了有益的活动条件[247];0~20 cm 土层以下所有年限的 20~40 cm 土层与 40~60 cm 之间无明显差异。

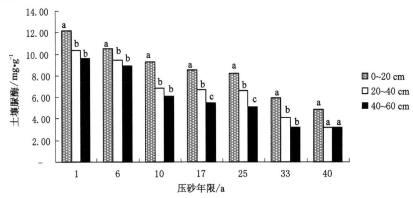

图 2-22 不同压砂年限不同深度的土壤脲酶活性变化

2.3.3.2.2 土壤磷酸酶活性的变化

土壤磷酸酶是一类催化土壤有机磷化合物矿化的酶,其活性高低直接影响着土壤中有机磷的分解转化及其生物有效性,土壤的磷酸酶活性可以表征土壤的肥力状况,特别是磷的状况[246-248]。由表 2-21 可知,在同一土层中,压砂地土壤磷酸酶活性随压砂年限的增大呈现下降趋势。在 0~60 cm 土层,不同年限压砂地平均磷酸酶活性变异范围为 182.21~633.93 mg · kg⁻¹ · h⁻¹,1 a 砂地土壤磷酸酶活性最高,其他年限(6 a、10 a、17 a、25 a、33 a、40 a)磷酸酶活性与之相比,分别下降了 29.17%、38.94%、69.23%、70.34%、65.60 和 71.26%,压砂 40 年土壤磷酸酶活性年均下降率为 3.15%。在 0~60 cm 土层的平均土壤磷酸酶活性中,1 a 砂地与其他年限之间差异达显著水平;6 a 与 10 a 之间无明显差异;17 a、25 a、33 a、40 a 之间无明显差异。

通过对不同压砂年限土壤磷酸酶活性测定结果进行回归分析(图 2-23、表 2-22),结果表明,在 0~20 cm、20~40 cm、40~60 cm 和 0~60 cm 平均土层,压砂年限与土壤磷酸酶活性的关系均符合一元二次多项式回归模型,模型相关性较高,R^2 分别为 0.981 4、0.762 6、0.896 7 和 0.955 2,拟合曲线呈开口向上的抛物线。依据回归模型分别计算出不同土层磷酸酶活性达到最小值时的压砂年限,在 0~20 cm、20~40 cm、40~60 cm 和 0~60 cm 土层

表 2-21　　　　　　　　　　不同压砂年限土磷酸酶活性变化　　　　　　　　mg・kg⁻¹・h⁻¹

压砂年限/a	土层深度/cm			0～60 cm 平均值	增减/%
	0～20	20～40	40～60		
1(CK)	886.70±4.88a	526.68±4.19a	488.43±21.66a	633.93±196.80a	
6	628.11±44.36b	368.76±26.90b	350.21±86.59b	449.02±146.11b	−29.17
10	461.38±57.88c	378.67±42.92b	321.20±28.10b	387.08±97.39b	−38.94
17	261.35±0.75d	184.15±10.63d	139.66±33.33c	195.05±57.25c	−69.23
25	218.10±65.32d	131.65±12.93d	214.39±18.16c	188.05±53.51c	−70.34
33	160.02±9.43d	349.00±54.84bc	145.24±46.11c	218.09±106.64c	−65.60
40	138.13±22.08d	292.19±30.39c	116.30±22.75c	182.21±87.97c	−71.26

注：含量用平均值±标准差表示；小写字母表示 $P<0.05$ 水平，同一列中不同字母代表差异显著程度。

平均磷酸酶活性达到最小值的压砂年限分别为 32 a、24 a、34 a 和 30 a，相应的最小值分别为 127.22 mg・kg⁻¹・h⁻¹、192.23 mg・kg⁻¹・h⁻¹、127.21 mg・kg⁻¹・h⁻¹ 和 157.93 mg・kg⁻¹・h⁻¹。

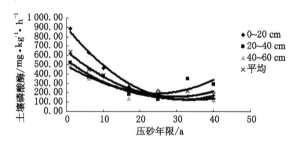

图 2-23　不同压砂年限土壤磷酸酶活性变化的拟合曲线

表 2-22　　　　　　　不同压砂年限土壤磷酸酶活性变化的二次回归方程

土层深度/cm	二次回归方程	相关系数 R^2	极值年限/a	极值 y/mg・kg⁻¹
0～20	$y=0.7393x^2-47.795x+899.69$	0.9814	32	127.22
20～40	$y=0.6052x^2-29.489x+551.45$	0.7626	24	192.23
40～60	$y=0.3188x^2-21.434x+487.48$	0.8967	34	127.21
0～60平均值	$y=0.5544x^2-32.906x+646.21$	0.9552	30	157.93

由图 2-24 可知，除了 33 a 和 40 a，在垂直剖面 0～20 cm 土层的磷酸酶活性明显比下层的高。20 cm 以下各层土壤磷酸酶活性随土层深度的增加逐渐减小。这一趋势与土壤有机质的表聚性一致，表明有机肥施入深度限于 40 cm 以上，而且植物残体的补充以表层为主[243-254]。

2.3.3.3　土壤酶活性与土壤肥力间的相关分析

土壤酶活性与土壤养分有着必然的联系和重要的影响，土壤 pH 值的大小不仅影响土壤有机质分解、矿物质溶解、胶体的凝聚与分散、氧化还原反应及微生物活动强度，而且直接影响土壤酶参与的生化反应速度[246,255-257]。国内外学者对土壤酶活性与土壤状况的关系进

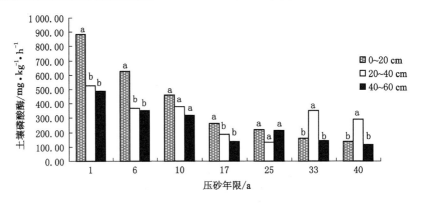

图 2-24　不同压砂年限不同深度的土壤磷酸酶活性变化

行了研究,关松荫认为脲酶在中性土壤中活性最大[246,255],E. Hofmann 认为脲酶最适的 pH 值为 6.5~7.0,而磷酸酶在不同的土壤中都可达到最大活性,E. Hofmann 的研究还表明磷酸酶与有机磷含量呈正相关[251];Zantua 指出土壤脲酶与土壤氮量呈显著相关[252]。中国农科院土肥所研究表明,耕层土壤磷酸酶活性与有机质含量之间呈显著正相关[246]。

　　由不同压砂年限土壤酶活性与土壤肥力间的相关性分析(表 2-23)可知,脲酶与土壤 pH 值呈显著负相关,与有机质、碱解氮、速效磷、速效钾呈极显著正相关[258];磷酸酶与土壤 pH 值呈极显著负相关,与有机质、碱解氮、速效磷、速效钾也呈极显著正相关。由此可见,脲酶和磷酸酶等土壤酶可用来表征土壤肥力水平。

表 2-23　　　　　　　　　不同压砂年限土壤酶活性与土壤肥力间的相关分析

土壤肥力	pH 值	全盐 /g·kg⁻¹	有机质 /g·kg⁻¹	碱解氮 /mg·kg⁻¹	速效磷 /mg·kg⁻¹	速效钾 /mg·kg⁻¹
脲酶	−0.853*	0.559	0.970**	0.965**	0.946*	0.952**
磷酸酶	−0.970**	0.620	0.933**	0.931**	0.961**	0.950**

注:样本 $n=7$,$r_{0.01}=0.874$,$r_{0.05}=0.754$;*表示显著水平,**表示极显著水平[243]。

2.3.4　压砂地土壤退化分析

　　随着压砂瓜产业规模迅速扩大,效益也明显提高。然而在长期的生产过程中,压砂瓜地处于严重的被掠夺式经营,随着压砂年限的延长,砂土混合日趋严重,地力严重退化,土壤的生产能力逐渐下降,致使压砂瓜生长发育不良、生理病害和虫害增加,严重妨碍了压砂瓜的持续发展[259-266]。根据上述对不同年限土壤性质分析,压砂地土壤退化的原因主要表现在以下几个方面:

　　(1)土壤养分衰退

　　土壤干旱会提高有机质矿质化的速率,使得有机质及腐殖质含量逐渐减少,土壤有机质含量减少,必然会造成养分含量下降;压砂地土壤有机质、碱解氮、速效磷和速效钾逐年逐层减少,导致土壤肥力退化与生产力减退。

　　(2)土壤微生物酶活性下降

　　土壤酶作为土壤的组成成分,在土壤颗粒、植物根系和微生物细胞表面产生,与土壤有机质、无机成分结合在一起，参与土壤的生物化学反应。土壤酶活性的降低是土壤退化的重要标志之一。随压砂地种植年限的延长，土壤脲酶活性和土壤磷酸酶活性均呈现下降趋势，年均下降率分别为 2.65％和 3.15％。

（3）砂土混合

长期耕作造成砂土混合，压砂作用与效果下降，生态功能下降，覆盖层的毛细管作用增强导致水分蒸发量增大，同时保温效果也下降，潜在土壤养分消耗殆尽，导致砂田连续种植生产力逐步下降，乃至退化。

（4）长期施肥不合理

在压砂瓜生产中，由于农民长期缺少必要的技术指导，对 N、P、K 和微量元素等肥料的施用缺乏科学的依据，只注重施用见效快的氮肥，减少了磷肥、有机肥的施用量，导致养分供应失衡，这不仅导致了土壤生产力的降低，同时也导致了土壤的退化。

（5）长期施用农药

近年来，部分农民为了获得经济效益，在使用过程中未能按说明严格掌握，甚至错误地认为，使用越多农药，杀虫效果越好，在压砂瓜上施用农药，随意加大用药量和用药次数，以及盲目混配的现象普遍存在，导致农药残留量超标等不良后果。农药对土壤质量的影响主要是污染土壤，农药大部分残留于土壤环境介质中，使土壤中农药残留量及其衍生物含量增加。长期施用农药引起的退化过程可能首先是土壤不再适于压砂瓜生长，造成进入土壤的各种有机物料减少，最终引起土壤退化。

（6）塑料地膜引起土壤污染

塑料地膜覆盖技术对提高压砂瓜产量发挥了重要作用，然而随着塑料薄膜的广泛农用化，越来越多的 DBP 和 DEHP 被释放进入菜田土壤，成为在压砂地中最常见的有机污染物。DBP/DEHP 污染不仅影响压砂瓜的品质，同时也加剧了土壤的退化。

2.4　结论

通过对不同压砂年限砂田土壤理化性质、土壤微生物、酶活性以及它们之间的相关性进行研究分析，得出如下结论：

（1）土壤容重随压砂年限的增大呈现高—低—高—低波浪式的变化趋势，与 1 a 砂地（CK）相比，10 a 砂地 0～60 cm 土层容重平均值增加了 1.60％，其他年限（6 a、17 a、25 a、33 a、40 a）分别下降了 7.09％、5.20％、1.07％、8.83％和 10.21％；而田间持水率却随压砂年限的增大呈现低—高—低—高波浪式的变化趋势，与 1 a 砂地（CK）相比，17 a 砂地 0～60 cm 田间持水率平均值降低了 2.92％，其他年限（6 a、10 a、25 a、33 a、40 a）分别增大了 8.66％、2.91％、5.75％、12.07％和 17.52％；通过用直线拟合土壤容重（y）与田间持水率（x）之间的关系，得出两者存在显著负相关，拟合方程为 $y = -20.19x + 48.306$，$R^2 = 0.8624$。在 0～60 cm 土层深度内，0～20 cm 土层的容重明显高于其他土层；20～40 cm 土层田间持水率最高。

（2）土壤 pH 值随压砂年限的增大呈现先增加后下降的趋势，其变化曲线呈凸抛物线型，1 a 砂地和其他年限的土壤 pH 值之间差异达显著水平，而其他年限的土壤 pH 值之间没有明显差异，变化较为平缓。

（3）土壤全盐量随压砂年限的增大呈现由高—低—高—低的变化趋势。0～60 cm 土层平均全盐量变异范围为 0.34～0.81 g·kg^{-1}，1 a 砂地全盐量最高，且和其他年限之间差异达显著水平，10 a，17 a，25 a，33 a 和 40 a 的土壤全盐量之间没有明显差异，变化较为平缓。在土层深度 0～60 cm 内，同一压砂年限的土壤全盐量随土层深度的增加呈上升趋势。

（4）土壤有机质含量随压砂年限的增大呈现下降趋势，减少的原因主要在于有机肥施入量不足。0～60 cm 土层平均有机质含量变异范围为 3.55～5.81 g·kg^{-1}，1 a 砂地有机质含量最高，与 6 a 土壤有机质含量之间无明显差异，但与 10 a，17 a，25 a，33 a，40 a 的土壤有机质含量之间差异达显著水平；在土层深度 0～60 cm 内，同一压砂年限的土壤有机质含量随土层深度的增加呈下降趋势。

（5）压砂地土壤碱解氮含量随压砂年限的增大呈现下降趋势。其原因在于是由于长期施有机肥不足，造成砂田氮素的严重匮乏，致使作物产量显著下降。在 0～60 cm 土层不同年限压砂地平均碱解氮含量变异范围为 14.06～30.14 g·kg^{-1}，1 a 砂地碱解氮含量最高，与其他年限的土壤碱解氮含量之间差异达显著水平，压砂 40 年年均下降率为 1.94%。在土层深度 0～60 cm 内，同一压砂年限的土壤碱解氮含量随土层深度的增加呈下降趋势，1 a 的 0～20 cm 土层与 20～40 cm 土层之间无明显差异，与 40～60 cm 土层之间差异显著。

（6）压砂地土壤速效磷含量随压砂年限的增大呈现下降趋势，在 0～60 cm 土层不同年限压砂地平均速效磷含量变异范围为 3.05～7.69 g·kg^{-1}，1 a 砂地速效磷含量最高，与其他年限的土壤速效磷含量之间差异达显著水平，压砂 40 年年均下降率为 2.34%。在土层深度 0～60 cm 内，同一压砂年限的土壤速效磷含量随土层深度的增加呈下降趋势，1 a、6 a、10 a 和 33 a 的不同土层深度土壤速效磷含量之间差异显著；17 a 和 40 a 的不同土层深度土壤速效磷含量之间无明显差异。

（7）压砂地土壤速效钾含量随压砂年限的增大呈现下降趋势，在 0～60 cm 土层不同年限压砂地平均速效钾含量变异范围为 85.50～187.00 g·kg^{-1}，1 a 砂地速效钾含量最高，与其他年限的土壤速效钾含量之间差异达显著水平，压砂 40 年年均下降率为 1.99%。在土层深度 0～60 cm 内，同一压砂年限的土壤速效钾含量随土层深度的增加呈下降趋势，1 a、10 a 的 0～20 cm 土层与 20～40 cm 土层之间无明显差异，与 40～60 cm 土层之间差异显著；6 a、33 a 的 0～20 cm 土层与 20～40 cm 和 40～60 cm 之间存在显著性差异，20～40 cm 与 40～60 cm 之间无明显差异；17 a 和 40 a 的不同土层深度土壤速效钾含量之间差异显著。

（8）不同压砂年限的土壤肥力之间的相关分析表明，土壤 pH 值与土壤有机质、碱解氮、速效磷和速效钾呈极显著负相关；土壤全盐与有机质、碱解氮、速效磷和速效钾之间无明显的显著关系；土壤有机质与碱解氮、速效磷和速效钾呈级显著正相关；土壤碱解氮与速效磷和速效钾呈极显著正相关；土壤速效磷与速效钾呈极显著正相关。

（9）在 0～20 cm 土层深度，不同压砂年限土壤微生物数量均随着压砂年限的增大呈现下降趋势，压砂 6 年内，土壤水热条件尚好，土壤微生物活性也较强，细菌和放线菌的数量呈现增加趋势，随着压砂年限的增大，砂田的蓄水保墒及增温效应逐渐降低，土壤紧实，通气性较差，土壤微生物活性减弱，细菌、真菌和放线菌的含量也逐渐降低。

（10）压砂地土壤脲酶活性随压砂年限的增大呈现下降趋势。在 0～60 cm 土层，不同年限压砂地平均脲酶活性变异范围为 3.75～10.70 g·kg^{-1}，1 a 砂地土壤脲酶活性最高，与其他年限之间差异达显著水平,压砂 40 年年均下降率为 2.65%。在垂直剖面 0～20 cm 土层的脲酶活性明显比下层的高。0～20 cm 以下各层土壤脲酶活性随土层深度的增加逐渐减小。除 40 a 外,其他年限的 0～20 cm 土层与其他土层之间差异显著。

(11) 压砂地土壤磷酸酶活性随压砂年限的增大呈现下降趋势。在 0～60 cm 土层,不同年限压砂地平均磷酸酶活性变异范围为 182.21～633.93 mg·kg^{-1}·h^{-1},1 a 砂地土壤磷酸酶活性最高,与其他年限之间差异达显著水平,压砂 40 年年均下降率为 3.15%。在垂直剖面 0～20 cm 土层的磷酸酶活性明显比下层的高。20 cm 以下各层土壤磷酸酶活性随土层深度的增加逐渐减小。

(12) 土壤酶活性与土壤养分有着必然的联系和重要的影响。脲酶和磷酸酶等土壤酶可用来表征土壤肥力水平。不同压砂年限土壤酶活性与土壤肥力间的相关性分析表明,脲酶与土壤 pH 值呈显著负相关,与有机质、碱解氮、速效磷、速效钾呈极显著正相关;磷酸酶与土壤 pH 值呈极显著负相关,与有机质、碱解氮、速效磷、速效钾也呈极显著正相关。

(13) 压砂地土壤退化的原因主要表现在土壤养分衰退、土壤微生物酶活性下降、砂土混合、施肥不合理、长期施用农药及塑料地膜引起土壤污染等方面。

第 3 章　压砂地甜瓜水分生产
函数模型试验研究

3.1　引言

　　作物水分生产函数是以作物各生育阶段的相对耗水量为自变量,反映作物各生育阶段水分消耗与作物产量之间的函数关系,是水资源短缺的地区进行灌溉工程的规划、设计、用水管理和灌溉经济效益分析的基本依据[267-269];国内外学者对作物不同时期耗水规律及水分对与产量的影响进行了大量的研究,国外 Kirda. C[270]、Cabelguenne M.[271]等根据不同农作物的耗水规律及水分对产量的影响,提出了优化灌溉措施的方案;国内对甜菜、冬小麦、玉米、水稻、大豆作物的耗水规律及水分生产函数模型均有一定的研究,王加蓬等研究了日光温室膜下滴灌条件下甜瓜耗水规律、产量以及水分生产函数[272];孙宇光等认为在干旱区甜菜各个生育期耗水量从小到大依次是苗期、糖分积累期、叶丛生长期和块根增长期[273];梁银丽等研究了黄土旱区冬小麦和春玉米的水分生产函数,为黄土灌区制定各个制度提供了重要的理论依据[274]。但国内对压砂地甜瓜水分生产函数的研究尚未见研究报道,本章以补灌条件下甜瓜为研究对象,分析其不同生育阶段的耗水规律,建立水分生产函数模型,以期为干旱地区甜瓜生产及制定灌溉制度提供理论依据。

3.2　材料与方法

3.2.1　试验区概况

　　试验在宁夏中卫香山乡进行,该试验点位于北纬 36°15′,东经 105°15′,海拔 1 697.8 m。在 2010 年 5 月～8 月,甜瓜全生育期降雨为 76.0 mm,日照时数 1 079.5 h,平均气温 20.0 ℃,平均风速 4.78 m·s^{-1}(高度 2 m);试验地土壤为砂壤土,其耕层(0～20 cm)土壤基本理化性质见表 3-1。

表 3-1　　　　　　　　　　　　供试土壤基本理化性质

供试土壤	容重 /g·cm^{-3}	全盐 /g·kg^{-1}	全 N /g·kg^{-1}	全 P /g·kg^{-1}	全 K /g·kg^{-1}	有机质 /g·kg^{-1}	速效 N /mg·kg^{-1}	速效 P /mg·kg^{-1}	速效 K /mg·kg^{-1}	pH 值
新砂地	1.43	0.58	0.68	0.64	26.30	9.45	44.00	8.20	178.00	8.04
老砂地	1.45	0.47	0.52	0.43	19.70	6.44	24.00	1.60	70.00	8.68

3.2.2 试验设计

试验采用防雨桶栽,塑料桶上口直径 35 cm,下口直径 32 cm,高 32 cm;桶的下方铺有 2 cm 的小石子,其上按原始土壤容重分层装过 0.5 cm 筛的细土,最上方铺砂 12 cm;盆中埋有 TDR 管,用来定期测定土壤含水量。供试作物选择当地甜瓜主栽品种玉金香;供试肥料为生物有机肥(由宁夏大学与中卫市丰盛生物有机肥厂共同研制生产,含 N 1.8%,P_2O_5 0.52%,K_2O 2.4%,)、尿素(含 N 46%)、磷酸二铵(含 N 18%,含 P_2O_5 46%),其中生物有机肥作为底肥一次施入,尿素和磷酸二铵作为追肥,分别在伸蔓期和开花坐果期施入[275]。

试验将甜瓜生育期分为苗期、伸蔓前期、伸蔓后期、开花坐果期、膨大初期、膨大中期和膨大后期 7 个阶段,共设 16 个处理(表 3-2),每个处理 3 次重复,在田间随机排列[276]。2010 年 5 月 1 日施底肥、播前灌水,5 月 3 日播种、覆膜,6 月 1 日放苗,8 月 5 日收获,除水分外,各处理基肥、施肥、耕作等田间管理管理措施相同。采用平衡施肥。灌水指标采取定时定量方法,采用机械补灌方法,灌水定额为 3 m^3/亩。

表 3-2 试验方案

试验处理	不同生育阶段						灌水次数	缺水次数
	伸蔓前期	伸蔓后期	开花坐果期	膨大初期	膨大中期	膨大后期		
T_1	1	1	1	1	1	1	6	0
T_2	1	1	1	1	1		5	1
T_3	1	1	1	1			4	2
T_4	1	1	1				3	3
T_5	1	1					2	4
T_6	1						1	5
T_7		1	1	1	1	1	5	1
T_8	1		1	1	1	1	5	1
T_9	1	1		1	1	1	5	1
T_{10}	1	1	1		1	1	5	1
T_{11}	1	1	1	1		1	5	1
T_{12}	1		1	1		1	4	2
T_{13}		1		1	1	1	4	2
T_{14}		1	1	1	1		4	2
T_{15}	1		1	1		1	4	2
T_{16}	1		1		1		3	3

3.2.3 测定项目及方法

测定项目包括甜瓜生育期、叶片数、蔓长、茎粗、叶面积指数、干物质积累量、灌水量、土壤含水率、土壤养分及产量等[92,291]。

3.2.4 数据分析

同第 2 章 2.2.4。

3.3 结果与分析

3.3.1 不同处理土壤水分变化

根据各处理土壤含水率(占干土重的百分比)实测数据(表 3-3、表 3-4)绘出 0～30 cm 土层土壤水分变化图(图 3-1 至图 3-8)。

表 3-3 各处理灌前土壤含水率

处理	生育期					
	伸蔓前期(6-4)	伸蔓后期(6-18)	坐瓜(6-25)	膨初(7-4)	膨中(7-14)	膨后(7-23)
T_1	11.7	16.7	15.6	15.2	15.5	15.2
T_2	12.6	16.5	16.5	16.8	14.8	14.7
T_3	11.3	17.5	15.4	15.7	15.3	11.7
T_4	12.2	16.8	16.3	15.4	9.1	7.6
T_5	13.0	15.9	16.8	12.0	8.4	6.8
T_6	12.5	16.2	12.3	9.5	7.6	6.4
T_7	12.3	8.7	15.6	16.1	10.3	13.1
T_8	12.6	15.7	10.1	15.6	14.6	14.6
T_9	11.3	15.6	15.8	10.9	13.0	15.8
T_{10}	11.8	16.4	16.3	16.1	13.6	14.2
T_{11}	12.2	17.3	16.6	15.0	10.1	7.2
T_{12}	13.0	15.2	9.9	15.9	14.3	9.5
T_{13}	12.5	8.3	15.3	9.7	13.5	13.9
T_{14}	11.8	8.1	15.9	16.0	13.8	15.2
T_{15}	11.5	15.4	11.3	15.9	14.8	13.2
T_{16}	10.9	16.2	10.7	15.8	10.3	14.8

表 3-4 各处理灌后土壤含水率

处理	生育期					
	伸蔓前期(6-8)	伸蔓前期(6-20)	坐瓜(6-28)	膨初(7-9)	膨中(7-19)	膨后(7-25)
T_1	22.9	21.3	21.6	20.2	20.7	19.4
T_2	21.1	22.0	20.5	19.2	19.7	11.5
T_3	20.7	20.3	21.2	21.4	13.6	9.3
T_4	20.3	20.8	20.6	12.7	8.4	7.3

续表 3-4

处理	生育期					
	申蔓前期(6-8)	申蔓前期(6-20)	坐瓜(6-28)	膨初(7-9)	膨中(7-19)	膨后(7-25)
T_5	19.6	22.4	13.8	10.5	7.5	6.5
T_6	20.5	13.5	10.7	8.7	7.0	6.1
T_7	10.4	19.9	21.5	13.9	19.8	18.9
T_8	19.5	12.8	20.6	20.4	20.4	19.3
T_9	20.3	20.1	12.4	19.8	21.3	20.1
T_{10}	21.3	21.3	20.5	20.0	20.4	19.2
T_{11}	23.0	21.8	21.0	12.1	8.2	18.9
T_{12}	20.6	11.2	19.4	19.6	10.6	20.1
T_{13}	10.5	20.6	11.7	20.5	19.7	19.7
T_{14}	10.1	21.8	20.5	19.3	19.8	13.2
T_{15}	20.4	12.9	19.7	20.0	19.4	12.2
T_{16}	19.5	13.1	20.6	12.0	20.1	12.8

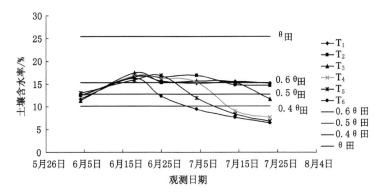

图 3-1　不同灌水次数对土壤水分的影响(灌前)

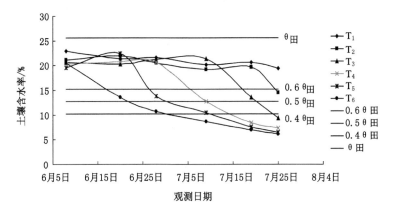

图 3-2　不同灌水次数对土壤水分的影响(灌后)

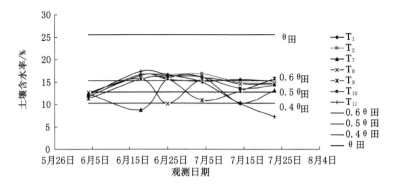

图 3-3　全生育期缺一水对土壤水分的影响（灌前）

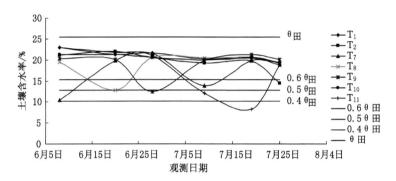

图 3-4　全生育期缺一水对土壤水分的影响（灌后）

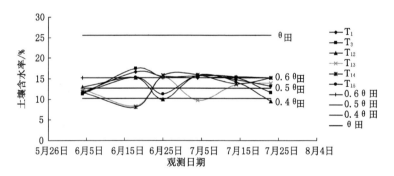

图 3-5　全生育期缺两水对土壤水分的影响（灌前）

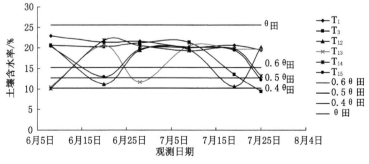

图 3-6　全生育期缺两水对土壤水分的影响（灌后）

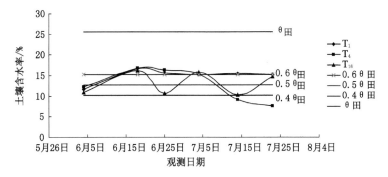

图 3-7　全生育期缺三水对土壤水分的影响(灌前)

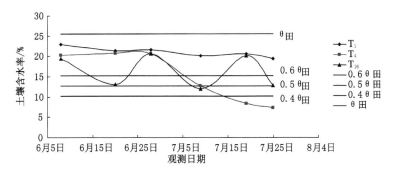

图 3-8　全生育期缺三水对土壤水分的影响(灌后)

3.3.1.1　不同灌水次数对土壤水分的影响

从图 3-1 和图 3-2 可以看出,不同处理土壤水分随时间的变化呈波浪形的变化趋势。由于灌水次数的不同,各处理存在比较明显的差异,但土壤水分含量均控制在一定范围之内。在甜瓜各个生育阶段,对土壤水分消耗均不一样,灌水次数越少,土壤水分消耗越大。从甜瓜种植到 6 月 4 日,土壤含水率无明显变化,随着伸蔓前期水的灌溉,导致土壤含水率的差别增大。T_1(灌 6 水)处理在各个时期都进行补水,所以在整个生育期土壤水分变化相对平稳,均保持在田间持水率的 60% 以上,其他处理与之相比,前期变化不大,后期因为灌水次数减少导致变化幅度增大。在膨大后期,T_2(灌 5 水)、T_3(灌 4 水)、T_4(灌 3 水)、T_5(灌 2 水)和 T_6(灌 1 水)土壤水分与 T_1(灌 6 水)相比分别下降了 25.26%、52.06%、62.37%、66.49% 和 68.56%;由此说明,灌水次数少的处理由于灌水间隔时间较长,不能满足甜瓜的需水要求;灌水次数多的处理因间隔时间少,土壤水分能够满足甜瓜正常的生长[277]。

3.3.1.2　全生育期缺一水对土壤水分的影响

图中(图 3-3、图 3-4)T_2(膨大后期缺水)、T_7(伸蔓前期缺水)、T_8(伸蔓后期缺水)、T_9(开花坐果期缺水)、T_{10}(膨大前期缺水)、T_{11}(膨大中期缺水)处理分别在甜瓜不同生育阶段缺 1 水。从图中可以看出,各处理从播种到生育期末土壤水分随着灌水都明显增大,之后迅速下降,中间出现几次较大的峰值也是由灌水引起,每次灌水有一个水分高峰,其高峰与灌水次数一致。T_1(不缺水)与 T_2(膨大后期缺水)间土壤水分差异较小,表明膨大后期缺水对甜瓜生长发育影响不大。

3.3.1.3 全生育期缺两水对土壤水分的影响

图中(图 3-5、图 3-6)T_3(膨大中期＋膨大后期缺水)、T_{12}(伸蔓后期＋膨大中期缺水)、T_{13}(伸蔓前期＋开花坐果期缺水)、T_{14}(伸蔓前期＋膨大后期缺水)、T_{15}(伸蔓后期＋膨大后期缺水)处理分别在甜瓜不同生育阶段缺 2 水。从图可以看出,不同处理土壤水分随生育期的延长呈波浪形的变化趋势。在整个生育期,除了 T_{12}、T_{13} 和 T_{14} 处理水分在某时期下降到田间含水率的 40%,其他处理水分均田间含水率的 40% 以上,由此说明伸蔓期、膨大前期和开花坐果期作物需水量较大。在膨大后期,T_3、T_{12}、T_{13}、T_{14} 和 T_{15} 处理土壤水分比 T_1 分别下降了 52.06%、-3.61%、-1.55%、31.96% 和 37.00%。

3.3.1.4 全生育期缺三水对土壤水分的影响

图中(图 3-7、图 3-8)T_4(膨大初期＋膨大中期＋膨大后期缺水)、T_{16}(伸蔓后期＋膨大初期＋膨大后期缺水)处理分别在甜瓜不同生育阶段缺 3 水。从图可以看出,不同处理土壤水分随生育期的延长也呈波浪形的变化趋势。在整个生育期,T_4 开花坐果期前,水分变化平稳,之后急剧下降到田间含水率的 40% 以下;T_{16} 水分变化均在田间含水率的 40% 以上,中间由于灌水 3 次较大的峰值;在膨大后期 T_4 和 T_{16} 处理土壤水分比 T_1 分别下降了 62.37% 和 34.02%;由此说明,灌水次数相同的情况下下,灌水间隔时间长的处理其水分下降速度较快,会影响作物正常的水分需要。

3.3.2 不同生育阶段甜瓜需水量计算

作物需水量是指作物在任一土壤水分条件下的植株蒸腾量、棵间蒸发量以及构成植株体的水量之和,其大小会受到气候条件、土壤水分状况、作物种类及生长阶段、农业技术措施、灌溉排水措施等因素的影响[278]。不同生育阶段甜瓜需水量采用水量平衡方程计算,在本试验条件下,压砂地甜瓜为旱作物,且由于试验采用防雨盆栽,所以地下水补给量、降雨量和由计划湿润层增加而增加的水量可不加以考虑,则简化后的水量平衡方程为:

$$ET = M - W_t + W_0 \tag{3-1}$$

式中　W_0,W_t——时段初和任意时间 t 时的储水量,mm;

　　　M——时段 t 内的灌溉水量,mm;

　　　ET——时段 t 内的作物田间需水量,mm。

根据简化后的水量平衡方程[式(3-1)],利用前后两次土壤水分的实际测定结果,计算不同水分处理的甜瓜实际需水量,计算结果见表 3-5。

表 3-5　　　　　　　　　　　不同生育阶段需水量

处理	各处理不同生育阶段实际需水量/mm						灌水量 /mm	实际需水量 /mm
	伸蔓前期	伸蔓后期	开花坐果期	膨大初期	膨大中期	膨大后期		
T_1	6.92	9.80	13.70	11.83	7.21	7.01	27.00	55.77
T_2	6.50	9.00	11.57	10.23	6.10	3.60	22.50	47.00
T_3	5.12	8.14	9.67	7.74	1.70	0.13	18.00	32.50
T_4	6.00	6.60	9.20	2.20	1.20	0.90	13.50	26.10
T_5	6.31	7.59	2.60	1.50	1.10	0.10	9.00	19.20

处理	各处理不同生育阶段实际需水量/mm						灌水量/mm	实际需水量/mm
	伸蔓前期	伸蔓后期	开花坐果期	膨大初期	膨大中期	膨大后期		
T_6	4.85	0.50	0.25	0.10	0.10	0.10	4.50	5.90
T_7	2.30	10.70	11.40	10.20	7.20	5.50	22.50	47.30
T_8	6.40	3.65	12.58	10.86	9.21	6.20	22.50	48.90
T_9	5.49	10.48	6.90	12.00	9.59	5.14	22.50	49.60
T_{10}	7.14	9.81	12.40	2.75	9.20	4.90	22.50	46.20
T_{11}	6.84	11.20	13.84	11.47	4.10	4.65	22.50	52.10
T_{12}	6.41	3.10	11.71	10.70	2.50	4.78	18.00	39.20
T_{13}	3.02	9.77	3.20	8.66	6.85	4.00	18.00	35.50
T_{14}	2.90	9.40	11.10	9.21	8.37	2.12	18.00	43.10
T_{15}	6.00	3.80	9.14	8.30	5.66	0.70	18.00	33.60
T_{16}	6.48	3.27	10.21	3.20	9.14	3.20	13.50	35.50

3.3.3　不同处理对甜瓜产量的影响

根据不同处理甜瓜产量实测数据(表 3-6)绘出产量变化图(图 3-9 至图 3-12)。

表 3-6　　甜瓜产量测定结果

处理	产量/kg·hm^{-2}	下降率/%
T_1	10 335	
T_2	9 345	9.58
T_3	8 060	22.01
T_4	6 180	40.20
T_5	4 325	58.15
T_6	1 290	87.52
T_7	8 130	21.34
T_8	8 865	14.22
T_9	7 600	26.46
T_{10}	8 625	16.55
T_{11}	9 000	12.92
T_{12}	7 320	29.17
T_{13}	6 000	41.94
T_{14}	6 920	33.04
T_{15}	7 860	23.95
T_{16}	5 955	42.38

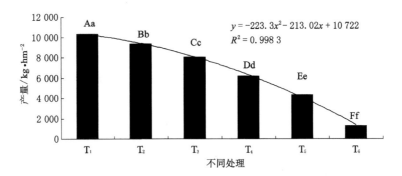

图 3-9　不同灌水次数对甜瓜产量的影响

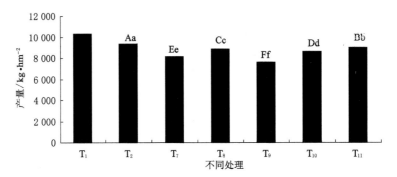

图 3-10　全生育期缺一水对甜瓜产量的影响

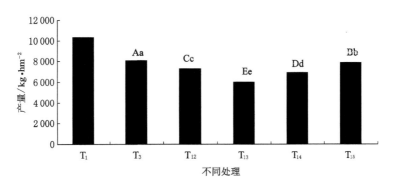

图 3-11　全生育期缺两水对甜瓜产量的影响

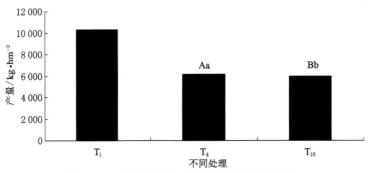

图 3-12　全生育期缺三水对甜瓜产量的影响

3.3.3.1　不同灌水次数对甜瓜产量的影响

从图 3-9 可以看出,甜瓜产量随灌水次数的减少呈明显的下降趋势。产量变异范围在 $1\,290 \sim 10\,335\ \text{kg}\cdot\text{hm}^{-2}$ 之间,以 T_1(不缺水)处理产量最大,为 $10\,335\ \text{kg}\cdot\text{hm}^{-2}$,$T_6$(缺 5 水)处理产量最小,为 $1\,290\ \text{kg}\cdot\text{hm}^{-2}$,各处理差异达到极显著水平。与产量最高的 T_1 处理相比,T_2 处理(缺 1 水)、T_3 处理(缺 2 水)、T_4 处理(缺 3 水)、T_5 处理(缺 4 水)和 T_6 处理(缺 5 水)甜瓜产量分别下降了 9.58%、22.01%、40.20%、58.15% 和 87.52%。由此说明,灌水次数少会导致甜瓜植株在某些生育阶段遭受严重水分胁迫而不能正常发育,必然造成减产,甚至绝产[279]。

3.3.3.2　全生育期缺一水对甜瓜产量的影响

从图 3-10 可以看出,缺一水的各处理由于缺水时期不一样,产量之间存在极显著的差异。与产量最高的 T_1 处理相比,T_2、T_7、T_8、T_9、T_{10} 和 T_{11} 处理的甜瓜产量分别下降了 9.58%、21.34%、14.22%、26.46%、16.55% 和 12.92%;产量下降顺序为:T_9(大)→T_7→T_{10}→T_8→T_{11}→T_2(小)。由此说明各生育阶段中对产量的影响顺序为开花坐果期缺水>伸蔓前期缺水>膨大前期缺水>伸蔓后期缺水>膨大中期缺水>膨大后期缺水。

3.3.3.3　全生育期缺两水对甜瓜产量的影响

从图 3-11 可以看出,缺两水的各处理产量之间也存在极显著的差异。与产量最高的 T_1 处理相比,T_3、T_{12}、T_{13}、T_{14} 和 T_{15} 处理的甜瓜产量分别下降了 22.01%、29.17%、41.94%、33.04% 和 23.95%;产量下降顺序为:T_{13}(伸蔓前期+开花坐果期缺水)(大)→T_{14}(伸蔓前期+膨大后期缺水)→T_{12}(伸蔓后期+膨大中期缺水)→T_{15}(伸蔓后期+膨大后期缺水)→T_3(膨大中期+膨大后期缺水)(小)。由此进一步说明,开花坐果期缺水对产量的影响最大,其次是伸蔓前期缺水对产量的影响最大,膨大后期缺水对产量的影响最小。

3.3.3.4　全生育期缺三水对甜瓜产量的影响

从图 3-12 可以看出,T_4(膨大初期+膨大中期+膨大后期缺水)处理产量高于 T_{16}(伸蔓后期+膨大初期+膨大后期缺水),两处理产量之间存在极显著的差异。与产量最高的 T_1 处理相比,T_4 和 T_{16} 处理的甜瓜产量分别下降了 40.20% 和 42.38%。表明伸蔓后期缺水对产量的影响程度比膨大中期缺水大。

由以上分析可得出各生育阶段对缺水的敏感性,即开花坐果期>伸蔓前期>膨大前期>伸蔓后期>膨大中期>膨大后期。

3.3.4　不同处理对水分生产率的影响

甜瓜需水量及水分生产率见表 3-7。

表 3-7　　　　　　　　　　　甜瓜需水量及水分生产率

处理	产量 /kg·hm⁻²	需水量 /(m³/667 m²)	水分利用效率 /kg·m⁻³
T_1	10 335	37.19	18.53
T_2	9 345	31.35	19.87

处理	产量 /kg · hm⁻²	需水量 /(m³/667 m²)	水分利用效率 /kg · m⁻³
T₃	8 060	21.68	24.78
T₄	6 180	17.41	23.66
T₅	4 325	12.81	22.51
T₆	1 290	3.94	21.83
T₇	8 130	31.55	17.18
T₈	8 865	32.62	18.12
T₉	7 600	33.08	15.32
T₁₀	8 625	30.82	18.66
T₁₁	9 000	34.75	17.27
T₁₂	7 320	26.15	18.66
T₁₃	6 000	23.68	16.89
T₁₄	6 920	28.75	16.05
T₁₅	7 860	22.41	23.38
T₁₆	5 955	23.68	16.77

由表 3-7 可知,随着灌水次数和灌水量的增大,甜瓜需水量和产量均呈上升趋势。T_1 处理全生育期不缺水,需水量和产量均为最大,但水分生产率却相对较低。T_3、T_4、T_4、T_5 和 T_{15} 处理的水分生产率相对较高,但产量却低于 T_1 处理。由此说明,较高的水分供应虽然能获得较高的产量,但并不一定能实现水分高效利用。

3.3.5 甜瓜水分生产函数模型的建立

3.3.5.1 回归模型

通过对压砂地甜瓜需水量与产量(表 3-7)之间进行回归分析,结果表明,产量(y)与实际总需水量(x)的关系符合一元二次回归模型,模型相关性较高,R^2 为 0.855 3,拟合方程为:

$$y = -3.040\ 6x^2 + 357.96x + 250.94 \tag{3-2}$$

依据回归模型计算出当压砂地甜瓜全生育期需水量为 59 m³/667 m² 时,产量达最大值 10 789.31 kg · hm⁻²。由产量与总需水量的相关图 3-13 可以看出,拟合曲线呈凸抛物线形,在桶栽试验条件下,当全生育期需水量由 3.94 m³/667 m² 增加到 59 m³/667 m² 时,产量随之增加,当需水量大于 59 m³/667 m² 时,产量不但不增加,反而逐渐下降,呈报酬递减规律。由此说明,水量过少或过多都不能取得高产,水量过少会造成植株在某些生育阶段遭受严重水分胁迫而不能正常发育,从而导致产量降低;但灌水过量会造成开花期推迟、植株茎叶徒长以及病害的发生,从而会影响产量,不能获得高产[279]。

3.3.5.2 Jensen 模型

水分生产函数是水分与作物产量之间的数量关系,作物在不同生育阶段对水分的敏感

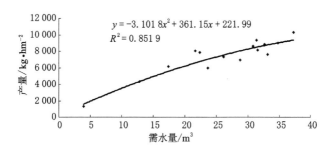

图 3-13　甜瓜产量与需水量的关系

程度具有一定的差异。根据各生育阶段甜瓜需水量和实测产量(表 3-6),采用目前普遍应用的 Jensen 连乘模型[式(3-3)],对甜瓜不同生育阶段对产量的影响进行分析。

$$\frac{y_{\mathrm{a}}}{y_{\mathrm{m}}} = \prod_{i=1}^{n}\left(\frac{ET_i}{ET_{\mathrm{m}i}}\right)^{\lambda_i} \quad (i = 1, 2, 3, \cdots, n) \tag{3-3}$$

式中　y_{a}——各处理条件下的实际产量,kg/亩;

　　　y_{m}——充分灌溉处理下的产量;

　　　i——不同生育阶段编号;

　　　n——生育阶段总数;

　　　ET_i——i 阶段的实际需水量;

　　　$ET_{\mathrm{m}i}$——充分灌溉条件下 i 阶段的需水量;

　　　λ_i——第 i 生育阶段的水分敏感指数。

在本试验条件下,模型中的 y_{m} 和 $ET_{\mathrm{m}i}$ 可采用本试验条件下的实际最高产量及其相对应的阶段需水量[196];求解水分敏感指数 λ_i 时,首先对 Jensen 模型两边取自然对数,则有:

$$\ln\frac{y_{\mathrm{a}}}{y_{\mathrm{m}}} = \sum_{i=1}^{n}\lambda_i\ln\frac{ET_i}{ET_{\mathrm{m}i}} \quad (i = 1, 2, 3, \cdots, n) \tag{3-4}$$

令 $\ln\dfrac{y_{\mathrm{a}}}{y_{\mathrm{m}}} = Z, \ln\dfrac{ET_i}{ET_{\mathrm{m}i}} = X_i$,则式(3-4)变为:

$$Z = \sum_{i}^{n}\lambda_i x_i \tag{3-5}$$

然后通过对式(3-5)进行多元线性回归,求解各生育阶段水分敏感指数 λ_i,并对回归方程进行显著性检验,结果(表 3-8)表明,$F=68.38 > F_{0.01}(6,15) = 4.32$,因素与产量的复相关系数 R^2 为 0.980,表明水分与产量间的回归关系达到极显著水平;各生育阶段水分敏感指数 λ 的大小顺序为开花坐果期>伸蔓前期>膨大前期>伸蔓后期>膨大中期>膨大后期;λ 值越高,作物对水分的需求就越大,对缺水越敏感,开花坐果期、伸蔓前期和膨大前期的 λ 值都很高,说明这些阶段需要保证水分需要,若遭受水分胁迫,将不可避免地造成减产;膨大后期的 λ 值最低,表明此阶段耗水量较低,在此阶段控水,对产量的影响程度不大[272-281]。

表 3-8　　　　　　　　　　甜瓜水分敏感指数及回归方程的显著性检验

项目	伸蔓前期	伸蔓后期	开花坐果期	膨大前期	膨大中期	膨大后期	R^2	F	$F_{0.01}$
λ_i	0.166 7	0.112 8	0.221 2	0.137 1	0.025 8	0.000 2	0.979	68.38	4.32

根据 Jensen 模型计算的水分敏感指数,得出在本试验条件下的甜瓜水分生产函数为:

$$\frac{y_a}{y_m} = \left(\frac{ET_1}{ET_{m1}}\right)^{0.1667} \left(\frac{ET_2}{ET_{m2}}\right)^{0.1128} \left(\frac{ET_3}{ET_{m3}}\right)^{0.2212} \left(\frac{ET_4}{ET_{m4}}\right)^{0.1371} \left(\frac{ET_5}{ET_{m5}}\right)^{0.0258} \left(\frac{ET_6}{ET_{m6}}\right)^{0.0002}$$

$$(3\text{-}6)$$

3.4 结论

通过对压砂地甜瓜水分生产函数进行研究分析,得出如下结论:

(1)压砂地甜瓜产量与需水量之间呈凸抛物线趋势变化,水量过少或过多都会影响产量。在桶栽试验条件下,随着需水量的增加,产量随之增加;当需水量大于 59 m³/667 m² 时,产量非但不增加,反而逐渐下降,呈报酬递减规律。

(2)建立了压砂地甜瓜水分生产函数模型,各生育阶段水分敏感指数按开花坐果期、伸蔓前期、膨大前期、伸蔓后期、膨大中期、膨大后期依次降低,其变化规律与甜瓜的需水规律相一致。在开花坐果期、伸蔓前期和膨大前期需要保证水分需要;在伸蔓后期和膨大中期,对缺水的敏感性较低,在水资源严重不足干旱地区可适当减少灌水量;膨大后期水分对产量影响程度很小,可考虑在此阶段不灌水,以取得最佳的生产效益。

第 4 章　压砂地甜瓜水肥耦合效应研究

4.1　引言

宁夏中部干旱带面积占全区的近 1/2,人口占全区的 1/4,自然条件十分恶劣,水资源极为匮乏,贫困面广且程度深,是宁夏也是全国最为困难的地区之一。为了在恶劣的自然环境条件下生存,旱区群众针对气候条件和区域条件特别适宜西甜瓜生长的特点,创造了一种砂石覆盖蓄水保墒的砂田旱作种植模式[282,288];近年来,随着种植面积不断扩大[259],压砂瓜已成为宁夏中部干旱带农民脱贫致富、增收减灾的新兴产业。据调查,随着产业的快速发展,压砂瓜在种植方面主要存在施肥难、补水难等问题[226,283-285]。目前,国内对玉米、小麦、甜菜、西瓜等作物的水肥耦合机理和模型均有一定的研究,但膜下滴灌条件下的压砂地甜瓜的水肥耦合机理与模型未见研究报道[131,286-288]。本章以膜下滴灌甜瓜为研究对象,分析其在非充分水肥耦合条件下的产量效应,建立水肥耦合模型,阐明水分和养分的相互作用机理,寻求高产高效水肥优化方案,以期解决压砂瓜产业发展中的施肥补水问题,从而为合理利用水资源、提高水肥利用效率及提高压砂地的生产能力提供理论依据,这对大力发展压砂瓜产业,解决贫困地区的环保问题、生态农业问题和水资源可持续问题具有重大的现实意义。

4.2　材料与方法

4.2.1　试验区概况

试验在宁夏中卫市香山乡红圈子村三合队进行。该试验点位于北纬 $36°15'$,东经 $105°15'$,海拔 1 697.8 m。试验田为砂壤土,容重为 1.43 g·cm^{-3},田间持水率为 25.5%(质量比)。土壤全盐量为 0.54 g·kg^{-1},速效氮为 32 mg·kg^{-1},速效磷为 5.8 mg·kg^{-1},速效钾为 185 mg·kg^{-1},全氮为 0.63 g·kg^{-1},全磷为 0.52 g·kg^{-1},全钾为 20.9 g·kg^{-1},有机质为 8.15 g·kg^{-1},pH 值为 8.57;2010 年 5 月～8 月,全生育期降雨量为 76.0 mm,日照时数为 1 079.5 h,平均气温为 20.0 ℃,平均风速为 4.78 m·s^{-1}(高度 2 m)。

4.2.2　试验设计

在种植方式、播种时间、种植密度、底肥均相同的情况下,试验采用三因素二次回归通用旋转组合设计方法,该设计克服了传统试验的离散优化的缺点,实现了序贯优化,从而确保系统连续优化和进一步精确优化的条件,从很大程度上大大简化了数据处理过程,便于理论分析的程序化。根据中卫市环香山地区习惯、甜瓜生产的实际情况和当地群众经验,试验因素 Z_j 确定为灌溉定额、纯氮量和纯磷量,其中灌溉定额的上、下限(Z_{21}、Z_{11})确定为 300 $m^3 \cdot hm^{-2}$ 和 60 $m^3 \cdot hm^{-2}$,纯氮量(N)的上、下限(Z_{22}、Z_{12})确定为 78.8 $kg \cdot hm^{-2}$ 和 26.3 $kg \cdot hm^{-2}$,纯磷量(P_2O_5)的上、下限(Z_{23}、Z_{13})确定为 38.7 $kg \cdot hm^{-2}$ 和 12.9 $kg \cdot hm^{-2}$,各因素的零水平(Z_{j0})和变化间隔(Δ_j)分别为[289]:

$$Z_{j0} = \frac{Z_{j1} + Z_{j2}}{2} \tag{4-1}$$

$$\Delta_j = \frac{Z_{j2} - Z_{j1}}{\gamma} \tag{4-2}$$

式中 Z_{j2}, Z_{j1}——因素的上、下限;

　　j——因素个数,$j = 1, 2, 3$;

　　γ——星号臂,根据二次回归通用旋转性的要求确定,即 $\gamma = 2^{p/4}$(p 为因素个数)。

因素 Z_j 经线性变换后,得出水平编码为:

$$X_j = \frac{Z_j - Z_{j0}}{\Delta_j} \tag{4-3}$$

这样,就将有单位的自然变量 Z_j 变成了无单位的规范变量 X_j。该试验经过编码后,因素水平被编为 -1.682、-1、0、1 和 1.682,具体见表 4-1。

表 4-1　　　　　　　　　　　　　　　　　**因素水平编码**

		不同因素 Z_j		
		灌溉定额 $Z_1/m^3 \cdot hm^{-2}$	纯氮量 $Z_2/kg \cdot hm^{-2}$	纯磷量 $Z_3/kg \cdot hm^{-2}$
水平编码 X_j	1.682	300.00	78.80	38.70
	1	251.30	68.20	33.50
	0	180.00	52.60	25.80
	−1	108.70	37.00	18.10
	−1.682	60.00	26.30	12.90
变化间隔 Δ_j		71.30	15.60	7.70

　　二次回归通用旋转组合设计(即在因子空间中选择几个具有不同半径的球面上的点,把它们适当组合起来而形成试验计划)的试验处理组合数 n 由 m_c,m_γ 和 m_0 三部分组成,每个试验处理都有固定的组合搭配,每种组合中三个部分的处理分别在三个半径不等的球面上,其中 m_c 个试验点分布在半径 $\rho_c = \sqrt{p}$ 的球面上,即以二水平($+1$,-1)为基础的全因素试验的试验处理数,亦即 $m_c = 2^p$;m_γ 分布在半径为 $\rho_\gamma = \gamma$ 的球面上且在 p 个坐标轴上的星号点,即每个因素的坐标轴上各两个以原点为中心的对称点,亦即 $m_\gamma = 2p$;m_0 集中在半径为 $\rho_0 = 0$ 的球面上,即在各变量都取零水平的中心点的重复试验次数[290-293];m_c,m_γ 和 m_0 可直接由表 4-2 查得。由此可得到该试验处理数 $n = m_c + m_\gamma + m_0 = 2^3 + 2 \times 3 + 6 = 20$,试验方案见表 4-3。

表 4-2　　　　　　　　　　　　　　二次回归通用旋转设计参数 Ⅰ

p	m_c	m_γ	γ	m_0	n
2	4	4	1.414	5	13
3	8	6	1.682	6	20
4(1/2)	8	8	1.682	7	20
4	16	8	2	6	31
5(1/2)	16	10	2	9	32
5	32	10	2.378	14	52

表 4-3　　　　　　　　　　　　　　　　试验方案

处理	规范变量			自然变量		
	灌溉定额 X_1	纯氮量 X_2	纯磷量 X_3	灌溉定额 Z_1 /$m^3 \cdot hm^{-2}$	纯氮量 Z_2 /$kg \cdot hm^{-2}$	纯磷量 Z_3 /$kg \cdot hm^{-2}$
1	1	1	1	251.30	68.20	33.50
2	1	1	−1	251.30	68.20	18.10
3	1	−1	1	251.30	37.00	33.50
4	1	−1	−1	251.30	37.00	18.10
5	−1	1	1	108.70	68.20	33.50
6	−1	1	−1	108.70	68.20	18.10
7	−1	−1	1	108.70	37.00	33.50
8	−1	−1	−1	108.70	37.00	18.10
9	1.682	0	0	300.00	52.60	25.80
10	−1.682	0	0	60.00	52.60	25.80
11	0	1.682	0	180.00	78.80	25.80
12	0	−1.682	0	180.00	26.30	25.80
13	0	0	1.682	180.00	52.60	38.70
14	0	0	−1.682	180.00	52.60	12.90
15	0	0	0	180.00	52.60	25.80
16	0	0	0	180.00	52.60	25.80
17	0	0	0	180.00	52.60	25.80
18	0	0	0	180.00	52.60	25.80
19	0	0	0	180.00	52.60	25.80
20	0	0	0	180.00	52.60	25.80

4.2.3　试验实施

试验采用防雨桶栽,自制膜下滴灌,设 20 个处理,3 次重复,在田间随机排列。试验桶高 46 cm、上口直径 53 cm、下口直径 36.5 cm;盆的下方铺有 3 cm 的小石子,其上按原始土壤容重分层装过 0.5 cm 筛的细土,最上方铺砂 12 cm;盆中埋有 TDR 管,用来定期测定土壤含水量。供试作物选择当地甜瓜主栽品种玉金香;供试肥料为生物有机肥(由宁夏大学与中卫市丰盛生物有机肥厂共同研制生产,含 N 1.8%,P_2O_5 0.52%,K_2O 2.4%,)、尿素(含 N 46%)、磷酸二铵(含 N 18%,含 P_2O_5 46%),其中生物有机肥做底肥一次施入,尿素和磷酸二铵作为追肥,分别在伸蔓期和开花坐果期施入。

试验于 2010 年 5 月~8 月进行,5 月 1 日施底肥、播前灌水,5 月 3 日播种、覆膜,6 月 1 日放苗,8 月 5 日收获,其他田间管理按常规进行。全生育期按试验方案灌水、施肥,灌水方案见表 4-4,施肥方案见表 4-5。表 4-5 中施肥量计算采用养分平衡法(参照第 5 章)。

表 4-4   灌水方案

处理	不同时期灌水量/$m^3 \cdot hm^{-2}$				合计 /$m^3 \cdot hm^{-2}$
	伸蔓期 6 月 9 日	开花坐果期 6 月 23 日	膨大前期 7 月 7 日	膨大中期 7 月 19 日	
	第一次灌水	第二次灌水	第三次灌水	第四次灌水	
1	62.8	62.8	62.8	62.8	251.3
2	62.8	62.8	62.8	62.8	251.3
3	62.8	62.8	62.8	62.8	251.3
4	62.8	62.8	62.8	62.8	251.3
5	27.2	27.2	27.2	27.2	108.7
6	27.2	27.2	27.2	27.2	108.7
7	27.2	27.2	27.2	27.2	108.7
8	27.2	27.2	27.2	27.2	108.7
9	75.0	75.0	75.0	75.0	300.0
10	15.0	15.0	15.0	15.0	60.0
11	45.0	45.0	45.0	45.0	180.0
12	45.0	45.0	45.0	45.0	180.0
13	45.0	45.0	45.0	45.0	180.0
14	45.0	45.0	45.0	45.0	180.0
15	45.0	45.0	45.0	45.0	180.0
16	45.0	45.0	45.0	45.0	180.0
17	45.0	45.0	45.0	45.0	180.0
18	45.0	45.0	45.0	45.0	180.0
19	45.0	45.0	45.0	45.0	180.0
20	45.0	45.0	45.0	45.0	180.0

表 4-5 施肥方案

处理	土壤供肥 /kg·hm⁻²		底肥 /kg·hm⁻²		伸蔓期追肥 /kg·hm⁻²		开花坐果期追肥 /kg·hm⁻²	
	N	P_2O_5	N	P_2O_5	N	P_2O_5	N	P_2O_5
1	23.76	4.31	2.79	0.81	20.83	14.19	20.83	14.19
2	23.76	4.31	1.50	0.44	21.47	6.68	21.47	6.68
3	23.76	4.31	2.79	0.81	5.23	14.19	5.23	14.19
4	23.76	4.31	1.50	0.44	5.87	6.68	5.87	6.68
5	23.76	4.31	2.79	0.81	20.83	14.19	20.83	14.19
6	23.76	4.31	1.50	0.44	21.47	6.68	21.47	6.68
7	23.76	4.31	2.79	0.81	5.23	14.19	5.23	14.19
8	23.76	4.31	1.50	0.44	5.87	6.68	5.87	6.68
9	23.76	4.31	2.15	0.62	13.35	10.44	13.35	10.44
10	23.76	4.31	2.15	0.62	13.35	10.44	13.35	10.44
11	23.76	4.31	2.15	0.62	26.45	10.44	26.45	10.44
12	23.76	4.31	2.15	0.62	0.00	10.44	0.00	10.44
13	23.76	4.31	3.22	0.94	12.81	16.73	12.81	16.73
14	23.76	4.31	1.07	0.31	13.89	4.14	13.89	4.14
15	23.76	4.31	2.15	0.62	13.35	10.44	13.35	10.44
16	23.76	4.31	2.15	0.62	13.35	10.44	13.35	10.44
17	23.76	4.31	2.15	0.62	13.35	10.44	13.35	10.44
18	23.76	4.31	2.15	0.62	13.35	10.44	13.35	10.44
19	23.76	4.31	2.15	0.62	13.35	10.44	13.35	10.44
20	23.76	4.31	2.15	0.62	13.35	10.44	13.35	10.44

4.2.4　测定项目及方法

同第 3 章 3.2.3。

4.2.5　数据分析

同第 2 章 2.2.4。

4.3　结果与分析

4.3.1　滴灌甜瓜水肥耦合模型的建立与检验

4.3.1.1　膜下滴灌甜瓜水肥耦合模型的建立[294]

膜下滴灌甜瓜水肥耦合模型可用二次回归旋转模型表示,即:

$$\hat{y} = b_0 + \sum_{j=1}^{p} b_j x_j + \sum_{k=1}^{p-1} \sum_{j=k+1}^{p} b_{kj} x_k x_j + \sum_{j=1}^{p} b_{jj} x_j^2 \qquad (4-4)$$

式中 $\hat{y}$——回归估计值；

x_k, x_j——线性变换后的无因次变量；

b_j——回归模型的一次项系数；

b_{kj}——回归模型的交互项系数；

b_{jj}——回归模型的二次项系数；

p——因素数；

j, k——因素的序号，$j = 1, 2, \cdots, p; k = 1, 2, \cdots, p-1$。

回归模型系数的计算方法如下：设 $Y = (y_1, y_2, \cdots, y_n)^{\mathrm{T}}$ 是二次回归通用旋转组合设计的试验结果，X 是其结构矩阵[见表 4-2 中(2)～(11)列中得系数矩阵]，则可得出 X 的转置矩阵 X' 和信息矩阵（系数矩阵）$A^{[294]}$。

下面列出信息矩阵 A：

$$A = X'X = \begin{bmatrix} 20 & 0 & 0 & 0 & 0 & 0 & 0 & 13.656 & 13.656 & 13.656 \\ 0 & 13.656 & 0 & 0 & 0 & 0 & 0 & 0 & 0 & 0 \\ 0 & 0 & 13.656 & 0 & 0 & 0 & 0 & 0 & 0 & 0 \\ 0 & 0 & 0 & 13.656 & 0 & 0 & 0 & 0 & 0 & 0 \\ 0 & 0 & 0 & 0 & 8 & 0 & 0 & 0 & 0 & 0 \\ 0 & 0 & 0 & 0 & 0 & 8 & 0 & 0 & 0 & 0 \\ 0 & 0 & 0 & 0 & 0 & 0 & 8 & 0 & 0 & 0 \\ 13.656 & 0 & 0 & 0 & 0 & 0 & 0 & 23.995 & 8 & 8 \\ 13.656 & 0 & 0 & 0 & 0 & 0 & 0 & 8 & 23.995 & 8 \\ 13.656 & 0 & 0 & 0 & 0 & 0 & 0 & 8 & 8 & 23.995 \end{bmatrix}_{10 \times 10}$$

$$(4-5)$$

其常数矩阵为：

$$B = X' \cdot Y = \begin{bmatrix} B_0, & B_1, & B_2, & B_3, & B_{12}, & B_{13}, & B_{23}, & B_{11}, & B_{22}, & B_{33} \end{bmatrix}^{\mathrm{T}} \qquad (4-6)$$

式中，

$$B_0 = \sum_{i=1}^{n} y_i \qquad (4-7)$$

$$B_1 = \sum_{i=1}^{n} x_{ij} \cdot y_i \quad (j = 1, 2, 3, \cdots, p) \qquad (4-8)$$

$$B_{kj} = \sum_{i=1}^{n} x_{ik} \cdot x_{ij} y_i \quad (k = 1, 2, 3, \cdots, p-1; j = 1, 2, 3, \cdots, p; k < j) \qquad (4-9)$$

$$B_{jj} = \sum_{i=1}^{n} x_{ij}^2 y_i \quad (j = 1, 2, 3, \cdots, p) \qquad (4-10)$$

其回归系数矩阵 b 为：

$$b = C \cdot B \qquad (4-11)$$

式中 C——相关矩阵，$C = A^{-1}$。

由矩阵 $\boldsymbol{A}$［式(4-5)］经初等变换、分块、求逆可得 $\boldsymbol{A}^{-1[294]}$。

于是式(4-11)可转化为：

$$
\begin{bmatrix} b_0 \\ b_{11} \\ b_{22} \\ b_{33} \\ b_1 \\ b_2 \\ b_3 \\ b_{12} \\ b_{13} \\ b_{23} \end{bmatrix} = \begin{bmatrix} a_1 & a_2 & a_2 & a_2 & 0 & 0 & 0 & 0 & 0 & 0 \\ a_2 & a_6 & a_5 & a_5 & 0 & 0 & 0 & 0 & 0 & 0 \\ a_2 & a_5 & a_6 & a_5 & 0 & 0 & 0 & 0 & 0 & 0 \\ a_2 & a_5 & a_5 & a_6 & 0 & 0 & 0 & 0 & 0 & 0 \\ 0 & 0 & 0 & 0 & a_3 & 0 & 0 & 0 & 0 & 0 \\ 0 & 0 & 0 & 0 & 0 & a_3 & 0 & 0 & 0 & 0 \\ 0 & 0 & 0 & 0 & 0 & 0 & a_3 & 0 & 0 & 0 \\ 0 & 0 & 0 & 0 & 0 & 0 & 0 & a_4 & 0 & 0 \\ 0 & 0 & 0 & 0 & 0 & 0 & 0 & 0 & a_4 & 0 \\ 0 & 0 & 0 & 0 & 0 & 0 & 0 & 0 & 0 & a_4 \end{bmatrix} \cdot \begin{bmatrix} B_0 \\ B_{11} \\ B_{22} \\ B_{33} \\ B_1 \\ B_2 \\ B_3 \\ B_{12} \\ B_{13} \\ B_{23} \end{bmatrix} \quad (4\text{-}12)
$$

在通用旋转设计下，若相关矩阵 $\boldsymbol{C}$ 采用回归正交组合设计的形式，则 $\boldsymbol{b}$ 矩阵回归系数通式为：

$$
b_0 = K \sum_{i=1}^{n} y_i + E \sum_{j=1}^{m} \left(\sum_{i=1}^{n} x_{ij}^2 y_i \right) \quad (4\text{-}13)
$$

$$
b_j = e^{-1} \sum_{i=1}^{n} x_{ij} y_i \quad (4\text{-}14)
$$

$$
b_{kj} = m_c^{-1} \sum_{i=1}^{n} x_{ik} x_{ij} y_i \quad (k < j) \quad (4\text{-}15)
$$

$$
b_{jj} = E \sum_{i=1}^{n} y_i + (F - G) \sum_{i=1}^{n} x_{ij}^2 y_i + G \sum_{j=1}^{m} (x_{ij}^2 y_i) \quad (4\text{-}16)
$$

式中，K、E、F、G、e^{-1}、m_c^{-1} 值可由表 4-6 查得。

表 4-6　　　　　　　　二次回归通用旋转设计参数 Ⅱ

p	K	E	F	G	e^{-1}	m_c^{-1}
2	0.200 000 0	−0.100 000 0	0.143 750 0	0.018 750 0	0.125 00	0.250 00
3	0.166 340 2	−0.056 792 0	0.069 390 0	0.006 890 0	0.073 22	0.125 00
4(1/2)	0.224 241 8	−0.063 796 8	0.070 233 5	0.007 733 5	0.073 22	0.125 00
4	0.142 857 1	−0.035 714 2	0.034 970 2	0.003 720 2	0.041 67	0.062 50
5(1/2)	0.159 090 9	−0.034 090 9	0.034 090 9	0.002 840 9	0.041 67	0.062 50
5	0.098 782 2	−0.019 101 0	0.017 086 3	0.001 461 3	0.023 09	0.031 25

当 $p = 3$ 且全面实施时，$K = 0.166\ 340\ 2$，$E = -0.056\ 792\ 0$，$F = 0.069\ 390\ 0$，$G = 0.006\ 890\ 0$，$e^{-1} = 0.073\ 22$，$m_c^{-1} = 0.125\ 00$。

根据甜瓜产量结果（表 4-7），由式(4-13)、式(4-14)、式(4-15)和式(4-16)可计算出回归系数，带入式(4-4)，即可得到膜下滴灌甜瓜水肥耦合回归模型为：

表 4-7　　　　　　　三因素二次通用旋转组合设计结构矩阵及产量测定结果

处理	常数 X_0	水 X_1	氮 X_2	磷 X_3	水氮 X_1X_2	水磷 X_1X_3	氮磷 X_2X_3	水二次项 X_1^2	氮二次项 X_2^2	磷二次项 X_3^2	产量 /kg·hm^{-2}
(1)	(2)	(3)	(4)	(5)	(6)	(7)	(8)	(9)	(10)	(11)	(12)
1	1	1	1	1	1	1	1	1	1	1	15 324.0
2	1	1	1	−1	1	−1	−1	1	1	1	12 657.0
3	1	1	−1	1	−1	1	−1	1	1	1	13 873.5
4	1	1	−1	−1	−1	−1	1	1	1	1	12 394.5
5	1	−1	1	1	−1	−1	1	1	1	1	11 367.0
6	1	−1	1	−1	−1	1	−1	1	1	1	10 524.0
7	1	−1	−1	1	1	−1	−1	1	1	1	10 987.5
8	1	−1	−1	−1	1	1	1	1	1	1	10 317.0
9	1	1.682	0	0	0	0	0	2.828	0	0	14 065.5
10	1	−1.682	0	0	0	0	0	2.828	0	0	8 838.0
11	1	0	1.682	0	0	0	0	0	2.828	0	13 032.0
12	1	0	−1.682	0	0	0	0	0	2.828	0	12 651.0
13	1	0	0	1.682	0	0	0	0	0	2.828	13 596.0
14	1	0	0	−1.682	0	0	0	0	0	2.828	11 373.0
15	1	0	0	0	0	0	0	0	0	0	12 226.5
16	1	0	0	0	0	0	0	0	0	0	13 765.5
17	1	0	0	0	0	0	0	0	0	0	12 883.5
18	1	0	0	0	0	0	0	0	0	0	14 194.5
19	1	0	0	0	0	0	0	0	0	0	13 312.5
20	1	0	0	0	0	0	0	0	0	0	13 039.5

$$y = 13\,239.4 + 1\,453.1x_1 + 215.3x_2 + 688.1x_3 + 140.8x_1x_2 + 329.1x_1x_3 +$$

$$170.1x_2x_3 - 636.1x_1^2 - 144.8x_2^2 - 271.0x_3^2 \tag{4-17}$$

式中　y ——甜瓜的预测产量,kg·hm^{-2};

　　　x_1,x_2,x_3 ——分别灌溉定额、纯氮量和纯磷量经过线性变换后的无因次变量。

4.3.1.2　膜下滴灌甜瓜水肥耦合模型的检验

4.3.1.2.1　回归方程的显著性检验

对回归方程进行显著性检验时,首先计算各类偏差平方和及自由度[92,293-294],即:

总离差平方和:

$$S = \sum_{i=1}^{n} y_i^2 - \frac{1}{n}\left(\sum_{i=1}^{n} y_i\right)^2 \tag{4-18}$$

总自由度:

$$f = n - 1 \tag{4-19}$$

剩余平方和:

$$S_R = \sum_{i=1}^{n} y_i^2 - b_0 B_0 - \sum_{j=1}^{p} b_j B_j - \sum_{k=1}^{p-1} \sum_{j=k+1}^{p} b_{kj} B_{kj} - \sum_{j=1}^{p} b_{jj} B_{jj} \tag{4-20}$$

剩余自由度：

$$f_R = n - C_{p+2}^2 \tag{4-21}$$

回归平方和：

$$S_回 = S - S_R \tag{4-22}$$

回归自由度：

$$f_回 = f - f_R = C_{p+2}^2 - 1 \tag{4-23}$$

误差平方和：

$$S_e = \sum_{i_0=1}^{m_0} y_{i_0}^2 - \frac{1}{m_0} \left(\sum_{i_0=1}^{m_0} y_{i_0} \right)^2 \tag{4-24}$$

误差自由度：

$$f_e = m_0 - 1 \tag{4-25}$$

失拟平方和：

$$S_{lf} = S_R - S_e \tag{4-26}$$

失拟自由度：

$$f_{lf} = f_R - f_e \tag{4-27}$$

回归方程的显著性检验和失拟检验均采用 F 检验，即：

$$F_回 = \frac{S_回 / f_回}{S_R / f_R} \sim F_{1-\alpha}(f_回, f_R) \tag{4-28}$$

$$F_{lf} = \frac{S_{lf} / f_{lf}}{S_e / f_e} \sim F_{1-\alpha}(f_{lf}, f_e) \tag{4-29}$$

根据式（4-28）和式（4-29）对回归模型［式（4-17）］进行显著性检验，经计算得失拟项 $F_{lf} = 0.13 < F_{1-\alpha}(f_{lf}, f_e) = F_{0.9}(5,5) = 3.45$，表明失拟不显著，说明试验未含其他不可忽略的因素对试验结果的干扰；接着用 $F_回$ 进一步检验，经计算得 $F_回 = 18.00 > F_{1-\alpha}(f_回, f_R) = F_{0.9}(9,10) = 2.35$，因素与产量的复相关系数 R 为 0.970，表明水肥处理与产量间的回归关系达到极显著水平，用此水肥耦合回归模型进行产量预测，具有较高的可靠性，能客观反映灌溉定额、纯氮量、纯磷量与砂地甜瓜产量之间的关系。

4.3.1.2.2 偏回归系数显著性检验与产量作用评价

为了判别回归方程中每一个因素的一次项、二次项以及因素间的交互项对试验指标的效应是否显著，对回归系数的显著性进行 t 检验，即：

$$t_0 = |b_0| / \sqrt{KS_e/f_e} \sim t_{1-\alpha}(f_e) \tag{4-30}$$

$$t_j = |b_j| / \sqrt{e^{-1}S_e/f_e} \sim t_{1-\alpha}(f_e) \tag{4-31}$$

$$t_{ij} = |b_{ij}| / \sqrt{m_c^{-1}S_e/f_e} \sim t_{1-\alpha}(f_e) \tag{4-32}$$

$$t_{jj} = |b_{jj}| / \sqrt{FS_e/f_e} \sim t_{1-\alpha}(f_e) \tag{4-33}$$

若 $t > t_{1-\alpha}(f_e)$，则表明被检验的回归项在 α 水平下显著，否则在改水平下不显著。

根据式（4-30）、式（4-31）、式（4-32）和式（4-33），对回归模型式（4-17）的偏回归系数进行显著性检验，经计算得：

$$t_0 = 62.48 > t_{0.99}(10) = 2.76 \ (* * *);$$

$t_1 = 10.34 > t_{0.99}(10) = 2.76(* * *);$

$t_{0.90}(10) = 1.37 < t_2 = 1.53 < t_{0.95}(10) = 1.81(*);$

$t_3 = 4.90 > t_{0.99}(10) = 2.76(* * *);$

$t_4 = 0.77 < t_{0.90}(10) = 1.37;$

$t_{0.90}(10) = 1.37 < t_5 = 1.79 < t_{0.95}(10) = 1.81(*);$

$t_6 = 0.93 < t_{0.90}(10) = 1.37;$

$t_7 = |-4.65| > t_{0.99}(10) = 2.76(* * *);$

$|t_8| = |-1.06| < t_{0.90}(10) = 1.37;$

$t_{0.95}(10) = 1.81 < |t_9| = |-1.98| < t_{0.99}(10) = 2.76(* *)$

检验结果表明,常数项、水的一次项 x_1 和二次项 x_1^2、磷的一次项 x_3 对产量的影响极显著(* * *);磷的二次项 x_3^2 对产量的影响非常显著(* *);氮的一次项 x_2 和水磷交互项 x_1x_3 对产量影响较显著(*),其余系数均不显著。为便于对模型进行分析讨论,剔除不显著的系数后,方程可简化为:

$$y = 13\ 239.4 + 1\ 453.1x_1 + 215.3x_2 + 688.1x_3 + 329.1x_1x_3 - 636.1x_1^2 - 271.0x_3^2 \quad (4-34)$$

由简化方程式(4-34)可以看出,水的一次项、氮的一次项和磷的一次项系数为正值,说明适量的水肥对甜瓜均有增产效应。水的二次项、氮的二次项和磷的二次项系数为负值,说明甜瓜产量随灌溉量和施肥量的增加均呈现开口向下的抛物线趋势变化,过多的灌水、施肥不仅浪费资源,而且会导致减产;水磷交互项对产量影响较显著,说明其交互作用对甜瓜产量反应敏感,两因素耦合对产量的增加具有协同促进作用。

4.3.2 膜下滴灌甜瓜水肥耦合模型分析

4.3.2.1 主因素效应

主因素分析旨在探明各水肥因素对甜瓜产量影响效应的大小。由于在计算过程中,对各个因素均进行了无量纲线性编码处理,所求得一次项回归系数 b_j 之间,各 b_j 与交互项和平方项的回归系数间均为不相关,且不受因素取值的大小和单位的影响,回归即已标准化,因此,其绝对值大小可以直接反映各因素一次项 x 对甜瓜产量 y 的影响程度[295];由回归模型式(4-17)偏回归系数及 t 检验值可知,在试验范围内,三因素都有增产效应,并由系数大小可判断出各因素对产量的影响顺序为:灌溉定额 x_1 >纯磷量 x_3 >纯氮量 x_2。说明在本试验条件下,水的作用至关重要的,居于首位,其次是磷和氮。在通用旋转组合设计中,由于二次项回归系数间是相关的,故不能直接根据它们绝对值的大小来比较二次项的作用大小。

4.3.2.2 单因素效应

为了进一步探讨各因素的单独效应,对回归模型式(4-17)进行降维处理,即将回归模型中的水、氮和磷三因素中的两个因素固定在零水平,则可求得单因素对产量的一元二次偏回归子模型如下:

灌溉定额:

$$y_1 = 13\ 239.4 + 1\ 453.1x_1 - 636.1x_1^2 \quad (4-35)$$

纯氮量:

$$y_2 = 13\ 239.4 + 215.3x_2 - 144.8x_2^2 \quad (4-36)$$

纯磷量：

$$y_3 = 13239.4 + 688.1x_3 - 271.0x_3^2 \qquad (4\text{-}37)$$

为求各单因素回归方程[式(4-35)、式(4-36)、式(4-37)]的极值点,分别令 $\mathrm{d}y_1/\mathrm{d}x_1 = 0$、$\mathrm{d}y_2/\mathrm{d}x_2 = 0$ 和 $\mathrm{d}y_3/\mathrm{d}x_3 = 0$,由于 $\mathrm{d}^2y/\mathrm{d}x_1^2 < 0$、$\mathrm{d}^2y/\mathrm{d}x_2^2 < 0$ 和 $\mathrm{d}^2y/\mathrm{d}x_3^2 < 0$,便可得 $x_1^* = 1.14$(相当于灌溉定额为 262.1 $\mathrm{m^3 \cdot hm^{-2}}$)、$x_2^* = 0.75$(相当于纯氮量为 64.2 $\mathrm{kg \cdot hm^{-2}}$)和 $x_3^* = 1.27$(相当于纯磷量为 35.6 $\mathrm{kg \cdot hm^{-2}}$),下面依次取 x_j 为 -1.682,-1,0,1,1.682 和 x_j^* 水平,求得出各因素在不同水平下的甜瓜产量预测值(表 4-8),并可绘出及其单因素对产量的效应曲线(图 4-1)。

表 4-8　　　　　　　　　　单因素不同水平产量预测值　　　　　　　　　　$\mathrm{kg \cdot hm^{-2}}$

水平编码 X_j	灌溉定额 Y_1	纯氮量 Y_2	纯磷量 Y_3
1.682	13 883.9	13 191.9	13 630.1
1	14 056.4	13 309.9	13 656.5
0	13 239.4	13 239.4	13 239.4
-1	11 150.2	12 879.3	12 280.3
-1.682	8 995.7	12 467.6	11 315.3
极值 x^*	14 069.3	13 319.4	13 676.2
均值 $\bar{x}$	12 565.8	13 067.9	12 966.3
标准差 s	2 069.9	335.4	968.7
变异度 $C_v/\%$	16.5	2.6	7.5

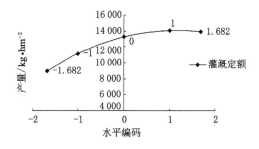

图 4-1　灌溉定额对甜瓜产量的效应曲线

由表 4-8 及图 4-1、图 4-2、图 4-3 可知,三因素对产量均有明显的增产效应,使产量的变异度 C_v 最高的是灌溉定额,为 16.5%,其次是纯磷量和纯氮量,分别为 7.5% 和 2.6%。在试验设计范围内,灌溉定额、纯氮量、纯磷量三个因素对甜瓜产量的效应均呈凸抛物线趋势变化,各抛物线的顶点便是各因素的最高产量值,与其相对应的就是各因素的最适投入量。随着灌溉定额和肥量的增加,产量随之增加,但当增加到一定程度时,产量不再增加,反而逐渐下降,呈报酬递减规律。

从灌溉定额的效应曲线(图 4-1)可知,当纯氮量 x_2 和纯磷量 x_3 均为零水平,而灌溉定额 x_1 编码为 1.14(262.1 $\mathrm{m^3 \cdot hm^{-2}}$)时,产量达最大值 14 069.3 $\mathrm{kg \cdot hm^{-2}}$;随着灌溉定额由 -1.682(60 $\mathrm{m^3 \cdot hm^{-2}}$)水平增加到 1.14(262.1 $\mathrm{m^3 \cdot hm^{-2}}$)水平时,产量由 8 995.7

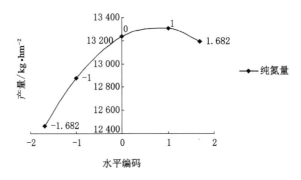

图 4-2　纯氮量对甜瓜产量的效应曲线

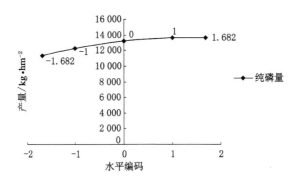

图 4-3　纯磷量对甜瓜产量的效应曲线

kg·hm^{-2} 增加到 14 069.3 kg·hm^{-2}，即增加单位水量时的产量增加值为 25.1 kg·m^{-3}；随着灌水量由 1.14 水平增加到 1.682 水平时，产量反而呈下降趋势，下降率为 4.89 kg·m^{-3}。

从纯氮量的效应曲线（图 4-2）可知，当灌溉定额 x_1 和纯磷量 x_3 均为零水平，而纯氮量 x_2 编码为 0.75（64.2 kg·hm^{-2}）时，产量达最大值 13 319.4 kg·hm^{-2}；随着纯氮量由 -1.682（26.3 kg·hm^{-2}）水平增加到 0.75（64.2 kg·hm^{-2}）水平时，产量由 12 467.6 kg·hm^{-2} 增加到 13 319.4 kg·hm^{-2}，即增加单位纯氮量时的产量增加值为 22.5 kg·kg^{-1}；随着纯氮量由 0.75 水平增加到 1.682（78.8 kg·hm^{-2}）水平时，产量逐渐降低，下降率为 8.73 kg·kg^{-1}。

从纯磷量的效应曲线（图 4-3）可知，当灌溉定额 x_1 和纯氮量 x_2 均为零水平，而纯磷量 x_3 编码为 1.27（35.6 kg·hm^{-2}）时，产量达最大值 13 676.2 kg·hm^{-2}；随着纯磷量由 -1.682（12.9 kg·hm^{-2}）水平增加到 1.27（35.6 kg·hm^{-2}）水平时，产量由 11 315.3 kg·hm^{-2} 增加到 13 676.2 kg·hm^{-2}，即增加单位纯磷量时的产量增加值为 104.00 kg·kg^{-1}；随着纯磷量由 1.27 水平增加到 1.682（38.7 kg·hm^{-2}）水平时，产量不再增加，反而呈下降趋势，下降率为 14.87 kg·kg^{-1}，这说明过量的水并不利于旱作物的生长。

4.3.2.3　单因素边际产量效应

为了探讨产量对各因素水平值变化而增减的变化率，对各单因素回归方程[式(4-35)、式(4-36)、式(4-37)]求一阶偏导数，可得到各因素在不同水平下的甜瓜边际产量效应方程为：

灌溉定额：

$$\frac{\mathrm{d}y_1}{\mathrm{d}x_1} = 1\,453.1 - 1\,272.2x_1 \tag{4-38}$$

纯氮量：

$$\frac{\mathrm{d}y_2}{\mathrm{d}x_2} = 215.3 - 289.6x_2 \tag{4-39}$$

纯磷量：

$$\frac{\mathrm{d}y_3}{\mathrm{d}x_3} = 688.1 - 542.0x_3 \tag{4-40}$$

由上述 3 个直线方程，分别令 x_j 为 -1.682，-1，0，1，1.682，算出边际产量（表 4-9），并绘出各因素边际产量效应图 4-4。由图 4-4 可知，单个因素对产量的影响速率随水平改变而改变，当另二个因素编码值取为零水平时，随着投入量的增加，投入量的增产作用直线下降，说明各因素边际产量效益均呈递减趋势，且灌溉定额的边际效益递减率最大，其次是纯磷量和纯氮量。

表 4-9　　　　　　　　　　　单因素不同水平边际产量效应值

水平编码 x_j	灌溉定额 $y_1/\mathrm{m^3 \cdot hm^{-2}}$	纯氮量 $y_2/\mathrm{kg \cdot hm^{-2}}$	纯磷量 $y_3/\mathrm{kg \cdot hm^{-2}}$
1.682	-686.7	-271.8	-223.5
1	180.9	-74.3	146.1
0	1 453.1	215.3	688.1
-1	2 725.3	504.9	1 230.1
-1.682	3 592.9	702.4	1 599.7

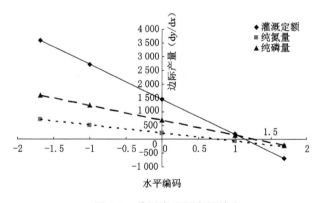

图 4-4　单因素边际产量效应

4.3.2.4　两因素间的交互效应

由回归方程式（4-17）交互项的系数 t 检验结果可知，水磷交互作用达到较显著水平，为了探讨水磷两因素同时对产量的耦合效应，将回归方程进行降维处理，x_2 固定在零水平，得到下列水磷交互方程[289]：

$$y = 13\,239.4 + 1\,453.1x_1 + 688.1x_3 + 329.1x_1x_3 - 636.1x_1^2 - 271.0x_3^2 \tag{4-41}$$

将灌溉定额(x_1)和纯磷量(x_3)分别取－1.682，－1、0、1 和 1.682，代入方程式(4-41)可求得水磷对产量的交互作用(表 4-10)，并可绘出水磷交互作用响应面曲线图(图 4-5)[296]。从表 4-10 和图 4-5 可以看出，响应面呈上凸面状，曲面上各点的高度表示水磷不同配比水平时甜瓜的产量，曲面的高度越高，表明甜瓜的产量越高。当每公顷砂地的纯氮量为 0 水平(52.6 kg·hm^{-2})、灌溉定额为 1 水平(251.3 m^3·hm^{-2})和纯磷量为 1 水平(33.5 kg·hm^{-2})时，甜瓜产量最高，为 14 267.7 kg。当每公顷砂地的纯氮量为 0 水平(52.6 kg·hm^{-2})、灌溉定额为－1.682 水平(60.0 m^3·hm^{-2})和纯磷量为 1.682 水平(38.7 kg·hm^{-2})时，甜瓜产量最低，为 8 549.8 kg。从表 4-10 和图 4-5 还可以看出，一因素一定时，甜瓜产量随另一因素水平变化的规律。当施磷量一定，随着灌溉定额由－1.682 增加为 1 水平时，产量逐渐增加，随灌溉定额超过＋1 水平时，产量反而逐渐降低，这说明在施磷量一定的情况下，灌溉量太多或者太少，磷肥效果都不能得到最大程度发挥，产量都不能达到最大值。同时，当灌溉定额在－1.682 和－1 水平时，随着施磷量由－1.682 增加为 0 水平时，产量逐渐增加，但施磷量超过 0 水平时，产量反而逐渐减少，说明在低灌溉水平，增施磷肥不仅浪费，而且会造成减产[92,293]；当灌溉定额在 0、1 和 1.682 水平时，随着施磷量由－1.682 增加为 1 水平时，产量逐渐增加，但施磷量超过 1 水平时，产量反而逐渐减少，说明在高灌溉水平，增施磷肥具有明显的增产效应，但产量最高点并不产生在灌溉定额和纯磷量最大时，而是在 1 水平左右，其原因可能是：大量的施用磷肥抑制了甜瓜根系对土壤水分的吸收，降低了水分利用率，增加了蒸发，从而导致减产。总之，水磷对甜瓜产量具有较好耦合作用，高磷配以高水、低磷配以低水产量高。

表 4-10　　　　　　　　　　　　　　　　　水磷交互作用

项目		纯磷量(x_3)					统计参数		
		－1.682	－1	0	1	1.682	X_p	s	C_v/%
灌溉定额(x_1)	－1.682	8 622.2	8 872.4	8 995.7	8 829.4	8 549.8	8 773.9	183.8	0.021
	－1	10 615.2	10 930.9	11 150.2	11 079.9	10 865.9	10 928.4	208.6	0.019
	0	12 467.6	12 879.3	13 239.4	13 309.9	13 191.9	13 017.6	348.8	0.027
	1	13 047.8	13 555.5	14 056.4	14 267.7	14 245.7	13 834.6	525.1	0.038
	1.682	12 713.8	13 287	13 883.9	14 191.2	14 234.7	13 662.1	651.4	0.048
统计参数	X_p	11 493.3	11 905	12 265.1	12 335.6	12 217.6			
	s	1 862.1	1 983	2 162.8	2 345	2 470.4			
	C_v/%	0.162	0.167	0.176	0.19	0.202			

4.3.2.5　最优组合方案

为了求得使甜瓜产量预测值最好的农艺措施，根据已建立的膜下滴灌条件下甜瓜水肥耦合优化数学模型[(式(4-17)]，用频率统计选优方法，编制计算机程序，在－1.682～1.682 之间取 7 个水平(－1.682，－1，－0.5，0，0.5，1，1.682)，上机进行不同目标产量下的最优水肥组合方案模拟。通过模拟求得 342 个组合方案，其中产量在 7 500～9 750 kg·hm^{-2}之间的有 52 个组合，产量在 9 750～12 000 kg·hm^{-2}之间的有 101 个组合，产量在 12 000～14 250 kg·hm^{-2}之间的有 148 个组合，产量在 14 250～16 500 kg·hm^{-2}之间的有 41 个组合。各目标产量的寻优方案及频率见表 4-11、表 4-12、表 4-13 和表 4-14。

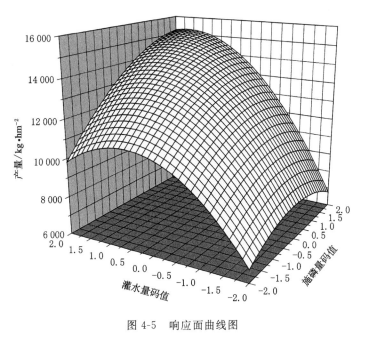

图 4-5 响应面曲线图

表 4-11   甜瓜产量在 7 500～9 750 kg·hm⁻² 的寻优方案及频率

水平	灌溉定额 x_1		纯氮量 x_2		纯磷量 x_3	
	次数	频率	次数	频率	次数	频率
-1.682	48	0.923 1	8	0.153 8	10	0.192 3
-1	4	0.076 9	7	0.134 6	7	0.134 6
-0.5	0	0.000	7	0.134 6	7	0.134 6
0	0	0.000	7	0.134 6	7	0.134 6
0.5	0	0.000	8	0.153 8	7	0.134 6
1	0	0.000	8	0.153 8	7	0.134 6
1.682	0	0.000	7	0.134 6	7	0.134 6
合计次数	52		52		52	
均值	$-1.629\ 5$		$-0.003\ 5$		$-0.097\ 0$	
标准差	0.074 2		0.442 8		0.456 8	
95% 置信区间	$-1.698\ 2\sim-1.560\ 9$		$-0.413\ 1\sim0.406\ 1$		$-0.519\ 5\sim-0.325\ 4$	
措施范围	58.9～68.7(m^3·hm⁻²)		46.1～58.9(kg·hm⁻²)		21.8～28.3(kg·hm⁻²)	

表 4-12   甜瓜产量在 9 750～12 000 kg·hm⁻² 的寻优方案及频率

水平	灌溉定额 x_1		纯氮量 x_2		纯磷量 x_3	
	次数	频率	次数	频率	次数	频率
-1.682	0	0.000 0	19	0.188 1	38	0.376 2
-1	45	0.445 5	16	0.158 4	18	0.178 2
-0.5	24	0.237 6	14	0.138 6	12	0.118 8

水平	灌溉定额 x_1		纯氮量 x_2		纯磷量 x_3	
	次数	频率	次数	频率	次数	频率
0	9	0.089 1	13	0.128 7	8	0.079 2
0.5	7	0.069 3	12	0.118 8	8	0.079 2
1	7	0.069 3	13	0.128 7	8	0.079 2
1.682	9	0.089 1	14	0.138 6	9	0.089 1
合计次数	101		101		101	
均值	−0.310 5		−0.122 9		−0.601 8	
标准差	0.352 9		0.458 4		0.458 5	
95%置信区间	−0.636 9～0.015 9		−0.546 8～0.301 1		−1.025 8～−0.177 7	
措施范围	134.7～181.1(m³·hm⁻²)		44.1～57.2(kg·hm⁻²)		17.9～24.4(kg·hm⁻²)	

表 4-13　　**甜瓜产量在 12 000～14 250 kg·hm⁻² 的寻优方案及频率**

水平	灌溉定额 x_1		纯氮量 x_2		纯磷量 x_3	
	次数	频率	次数	频率	次数	频率
−1.682	0	0.000 0	22	0.148 6	0	0.000 0
−1	0	0.000 0	25	0.168 9	0	0.162 2
−0.5	25	0.168 9	24	0.162 2	0	0.000 0
0	40	0.270 3	21	0.141 9	33	0.223
0.5	31	0.209 5	20	0.135 1	23	0.155 4
1	27	0.182 4	18	0.121 6	20	0.135 1
1.682	25	0.168 9	18	0.121 6	18	0.121 6
合计次数	148		148		148	
均值	0.486 8		−0.106 3		0.153 9	
标准差	0.293 8		0.431 7		0.343 3	
95%置信区间	0.215 1～−0.758 5		−0.505 5～0.293 0		−0.163 6～0.471 4	
措施范围	195.3～234.1(m³·hm⁻²)		44.7～57.2(kg·hm⁻²)		24.5～29.4(kg·hm⁻²)	

表 4-14　　**甜瓜产量在 14 250～16 500 kg·hm⁻² 的寻优方案及频率**

水平	灌溉定额 x_1		纯氮量 x_2		纯磷量 x_3	
	次数	频率	次数	频率	次数	频率
−1.682	0	0.000 0	0	0.000 0	0	0.000 0
−1	0	0.000 0	1	0.024 4	0	0.000 0
−0.5	0	0.000 0	4	0.097 6	0	0.000 0
0	0	0.000 0	8	0.195 1	1	0.024 4
0.5	11	0.268 3	9	0.219 5	11	0.268 3
1	15	0.365 9	10	0.243 9	14	0.341 5

水平	灌溉定额 x_1		纯氮量 x_2		纯磷量 x_3	
	次数	频率	次数	频率	次数	频率
1.682	15	0.365 9	9	0.219 5	15	0.365 9
合计次数	41		41		41	
均值	1.115 4		0.649 7		1.091 0	
标准差	0.193 2		0.301 8		0.205 5	
95%置信区间	0.936 7～1.294 0		0.370 6～0.928 8		0.900 9～1.281 0	
措施范围	246.8～272.3($m^3 \cdot hm^{-2}$)		58.4～67.1($kg \cdot hm^{-2}$)		32.7～35.6($kg \cdot hm^{-2}$)	

4.4　结论

本章以甜瓜为供试材料,采用三因素五水平二次回归通用旋转组合设计方法,在宁夏中部干旱带进行了压砂地膜下滴灌水肥耦合效应试验,得出如下结论:

(1)建立了膜下滴灌条件下新砂地甜瓜水肥耦合回归模型,经检验达到了极显著水平,用此水肥耦合回归模型进行产量预测,具有较高的可靠性,能客观反映灌溉定额、纯氮量、纯磷量与砂地甜瓜产量之间的关系。

(2)通过对模型进行主因素效应、单因素效应和交互作用分析得出,在试验条件下,各因素对甜瓜产量的影响均有明显的增产效应且达到显著水平,随着灌溉定额或肥量的增加,产量随之增加,但当增加到一定程度时,产量不再增加,反而逐渐下降,呈报酬递减规律。三因素对膜下滴灌甜瓜产量的影响顺序为:灌溉定额>纯磷量>纯氮量。

(3)由模型的交互作用分析得出,灌溉量与施磷量的交互作用较显著,两因素耦合对产量的增加具有协同促进作用,高磷配以高水、低磷配以低水产量高。

(4)通过计算机模拟,求得各目标产量下的最优组合方案(表 4-15)。

表 4-15　　　　　　　不同目标产量下的水肥耦合最优组合方案

目标产量/$kg \cdot hm^{-2}$	灌溉定额/$m^3 \cdot hm^{-2}$	纯氮量/$kg \cdot hm^{-2}$	纯磷量/$kg \cdot hm^{-2}$
7 500～9 750	58.9～68.7	46.2～58.9	21.8～28.3
9 750～12 000	134.7～181.1	44.1～57.2	17.9～24.4
12 000～14 250	195.3～234.1	44.7～57.2	24.5～29.4
14 250～16 500	246.8～272.3	58.4～67.1	32.7～35.6

第 5 章　补灌条件下压砂地甜瓜平衡施肥模型研究

5.1　引言

目前,随着商品经济的迅猛发展,压砂地甜瓜产业化生产出现了新的问题。据调研,随着种植年限的增长,砂地逐年老化,砂土混合严重,盲目施肥,土壤养分比例不协调,造成肥料资源的大量浪费,同时也直接导致产量和品质的下降,这不仅严重影响中部干旱带压砂瓜特色产业稳定和农民收入的增加,也严重影响压砂地持续健康发展[187-190]。

因此,如何合理平衡施肥,提高肥料的经济效益,以最小的投资获得最大的经济效益,达到增产增收的目的,已成为压砂瓜产业中迫切需要解决的问题。如果在西甜瓜生长发育关键期能合理解决土壤养分失衡问题,产量有望成倍增加,并可充分发挥现有压砂地的生产能力。以往对压砂地甜瓜的研究多着眼于单种肥料对产量、品质及养分积累的影响效果,很少考虑氮、磷、钾三种肥料之间的交互作用效应,平衡施肥机理和模型也还不十分清楚[191-192]。本试验以补灌技术为切入点,研究补灌条件下的平衡施肥机理,建立其模型,确定其规律,就可能解决土壤养分失衡问题,使平衡施肥趋于合理化,从而为提高砂地甜瓜养分管理水平,提高压砂地的生产能力提供理论依据。

5.2　材料与方法

5.2.1　试验区概况

试验在宁夏中卫香山乡进行,该试验点位于北纬 36°15′,东经 105°15′,海拔 1 697.8 m。在 2010 年 5 月～8 月,甜瓜全生育期降雨为 76.0 mm,日照时数 1 079.5 h,平均气温 20.0 ℃,平均风速 4.78 m·s^{-1}(高度 2 m);试验地土壤为砂壤土,其耕层(0～20 cm)土壤基本理化性质见表 5-1。

表 5-1　　　　　　　　　　　供试土壤基本理化性质

供试土壤	容重 /g·cm^{-3}	全盐 /g·kg^{-1}	全 N /g·kg^{-1}	全 P /g·kg^{-1}	全 K /g·kg^{-1}	有机质 /g·kg^{-1}	速效 N /mg·kg^{-1}	速效 P /mg·kg^{-1}	速效 K /mg·kg^{-1}	pH 值
新砂地	1.43	0.54	0.63	0.52	20.90	8.15	32.00	5.80	185.00	8.57
老砂地	1.45	0.47	0.52	0.43	19.70	6.44	24.00	1.60	70.00	8.68

5.2.2　试验设计

2010 年 5 月～8 月,分别在新砂地和老砂地以当地主栽品种玉金香为供试材料,采用三因素二次回归通用旋转组合设计方法,根据土壤可以提供的养分含量,对照甜瓜目标产量所需要的氮磷钾数量,提出不同产量下氮磷钾平衡供给的优化组合方案,接着根据优化方案,用不同种类、数量的有机肥和化肥进行合理搭配,以满足甜瓜目标产量所需要的全部营养,从而为降低砂地甜瓜生产成本、提高肥料利用率及增产增收提供有力依据,其中目标产量为调查所得,即在农户 3 年甜瓜平均产量基础上增加 10%～15%[186,297-298]。甜瓜是需肥量较高的作物,在整个生育期对氮、磷(P_2O_5)、钾(K_2O)吸收量很大,一般每生产 1 000 kg 甜瓜需要吸收 3.5 kg N、1.7 kg P_2O_5 和 6.8 kg K_2O。

两个试验均采用小区试验,每个试验设 20 个处理,3 次重复,各处理在田间顺序排列。小区面积 540 m^2,株行距为 1.5 m×2.0 m。

5.2.2.1　新砂地试验设计

选用的新砂地,其压砂年限为 3 a,2010 年 5 月 1 日施基肥,5 月 2 日播前灌水,5 月 3 日播种、覆膜,6 月 21 日(伸蔓期)、7 月 4(开花坐果期)追肥,8 月 5 日收获,全生育期共灌水 3 次,灌水定额为 30 $m^3 \cdot hm^{-2}$。三因素中,氮的上、下限(Z_{21}、Z_{11})确定为 105.0 $kg \cdot hm^{-2}$ 和 52.5 $kg \cdot hm^{-2}$,磷的上、下限(Z_{22},Z_{12})确定为 51.6 $kg \cdot hm^{-2}$ 和 25.8 $kg \cdot hm^{-2}$,钾的上、下限(Z_{23},Z_{13})确定为 204.0 $kg \cdot hm^{-2}$ 和 102.0 $kg \cdot hm^{-2}$。因素水平编码见表 5-2,试验方案见表 5-3,施肥方案见表 5-4。

表 5-2　　　　　　　　　新砂地因素水平编码

		不同因素 Z_j		
		纯氮量 Z_2 /kg·hm⁻²	纯磷量 Z_3 /kg·hm⁻²	纯钾量 Z_3 /kg·hm⁻²
水平编码 X_j	1.682	105.00	51.60	204.00
	1	94.4	46.40	183.30
	0	78.80	38.70	153.00
	−1	63.20	31.00	122.70
	−1.682	52.50	25.80	102.00
变化间隔 Δ_j		15.60	7.70	30.30

表 5-3　　　　　　　　　新砂地试验方案

处理	规范变量			自然变量		
	纯氮量 X_1	纯磷量 X_2	纯钾量 X_3	纯氮量 /kg·hm⁻²	纯磷量 /kg·hm⁻²	纯钾量 /kg·hm⁻²
1	1	1	1	94.40	46.40	183.30
2	1	1	−1	94.40	46.40	122.70
3	1	−1	1	94.40	31.00	183.30

处理	规范变量			自然变量		
	纯氮量 X_1	纯磷量 X_2	纯钾量 X_3	纯氮量 /kg·hm^{-2}	纯磷量 /kg·hm^{-2}	纯钾量 /kg·hm^{-2}
4	1	−1	−1	94.40	31.00	122.70
5	−1	1	1	63.20	46.40	183.30
6	−1	1	−1	63.20	46.40	122.70
7	−1	−1	1	63.20	31.00	183.30
8	−1	−1	−1	63.20	31.00	122.70
9	1.682	0	0	105.00	52.60	153.00
10	−1.682	0	0	52.50	25.80	153.00
11	0	1.682	0	78.80	51.60	153.00
12	0	−1.682	0	78.80	26.30	153.00
13	0	0	1.682	78.80	38.70	204.00
14	0	0	−1.682	78.80	38.70	102.00
15	0	0	0	78.80	38.70	153.00
16	0	0	0	78.80	38.70	153.00
17	0	0	0	78.80	38.70	153.00
18	0	0	0	78.80	38.70	153.00
19	0	0	0	78.80	38.70	153.00
20	0	0	0	78.80	38.70	153.00

表 5-4　　　　　　　　　　　　　　新砂地施肥方案

处理	土壤供肥 /kg·hm^{-2}			底肥 /kg·hm^{-2}			伸蔓期追肥 /kg·hm^{-2}			开花坐果期追肥 /kg·hm^{-2}		
	N	P_2O_5	K_2O	N	P_2O_5	K_2O	N	P_2O_5	K_2O	N	P_2O_5	K_2O
1	23.76	4.31	116.00	5.37	1.56	7.14	32.64	20.27	30.08	32.64	20.27	30.08
2	23.76	4.31	116.00	5.37	1.56	7.14	32.64	20.27	−0.22	32.64	20.27	−0.22
3	23.76	4.31	116.00	5.37	1.56	7.14	32.64	12.57	30.08	32.64	12.57	30.08
4	23.76	4.31	116.00	5.37	1.56	7.14	32.64	12.57	−0.22	32.64	12.57	−0.22
5	23.76	4.31	116.00	5.37	1.56	7.14	17.04	20.27	30.08	17.04	20.27	30.08
6	23.76	4.31	116.00	5.37	1.56	7.14	17.04	20.27	−0.22	17.04	20.27	−0.22
7	23.76	4.31	116.00	5.37	1.56	7.14	17.04	12.57	30.08	17.04	12.57	30.08
8	23.76	4.31	116.00	5.37	1.56	7.14	17.04	12.57	−0.22	17.04	12.57	−0.22
9	23.76	4.31	116.00	5.37	1.56	7.14	37.94	23.37	14.93	37.94	23.37	14.93
10	23.76	4.31	116.00	5.37	1.56	7.14	11.69	9.97	14.93	11.69	9.97	14.93
11	23.76	4.31	116.00	5.37	1.56	7.14	24.84	22.87	14.93	24.84	22.87	14.93
12	23.76	4.31	116.00	5.37	1.56	7.14	24.84	10.22	14.93	24.84	10.22	14.93

续表 5-4

处理	土壤供肥 /kg·hm⁻²			底肥 /kg·hm⁻²			伸蔓期追肥 /kg·hm⁻²			开花坐果期追肥 /kg·hm⁻²		
	N	P_2O_5	K_2O	N	P_2O_5	K_2O	N	P_2O_5	K_2O	N	P_2O_5	K_2O
13	23.76	4.31	116.00	5.37	1.56	7.14	24.84	16.42	40.43	24.84	16.42	40.43
14	23.76	4.31	116.00	5.37	1.56	7.14	24.84	16.42	0.00	24.84	16.42	0.00
15	23.76	4.31	116.00	5.37	1.56	7.14	24.84	16.42	14.93	24.84	16.42	14.93
16	23.76	4.31	116.00	5.37	1.56	7.14	24.84	16.42	14.93	24.84	16.42	14.93
17	23.76	4.31	116.00	5.37	1.56	7.14	24.84	16.42	14.93	24.84	16.42	14.93
18	23.76	4.31	116.00	5.37	1.56	7.14	24.84	16.42	14.93	24.84	16.42	14.93
19	23.76	4.31	116.00	5.37	1.56	7.14	24.84	16.42	14.93	24.84	16.42	14.93
20	23.76	4.31	116.00	5.37	1.56	7.14	24.84	16.42	14.93	24.84	16.42	14.93

5.2.2.2　老砂地试验设计

选用的老砂地,其压砂年限为 28 a,2010 年 5 月 1 日施基肥,5 月 2 日播前灌水,5 月 3 日播种、覆膜,6 月 24 日(伸蔓期)、7 月 6(开花坐果期)追肥,8 月 13 日收获,全生育期共灌水 3 次,灌水定额为 45 m³·hm⁻²。三因素中,氮的上、下限(Z_{21}、Z_{11})确定为 78.80 kg·hm⁻² 和 26.20 kg·hm⁻²,磷的上、下限(Z_{22}、Z_{12})确定为 38.70 kg·hm⁻² 和 12.90 kg·hm⁻²,钾的上、下限为(Z_{23}、Z_{13})确定为 153.00 kg·hm⁻² 和 51.00 kg·hm⁻²。因素水平编码见表 5-5,试验方案见表 5-6,施肥方案见表 5-7。

表 5-5　　　　　　　　　　老砂地因素水平编码

		不同因素 Z_j		
		纯氮量 Z_2 /kg·hm⁻²	纯磷量 Z_3 /kg·hm⁻²	纯钾量 Z_3 /kg·hm⁻²
水平编码 X_j	1.682	78.80	38.70	153.00
	1	68.10	33.50	132.30
	0	52.50	25.80	102.00
	−1	36.90	18.20	71.70
	−1.682	26.20	12.90	51.00
变化间隔 Δ_j		15.60	7.70	30.30

表 5-6　　　　　　　　　　老砂地试验方案

处理	规范变量			自然变量		
	纯氮量 X_1	纯磷量 X_2	纯钾量 X_3	纯氮量 /kg·hm⁻²	纯磷量 /kg·hm⁻²	纯钾量 /kg·hm⁻²
1	1	1	1	68.10	33.50	132.30
2	1	1	−1	68.10	33.50	71.70

处理	规范变量			自然变量		
	纯氮量 X_1	纯磷量 X_2	纯钾量 X_3	纯氮量 /kg·hm^{-2}	纯磷量 /kg·hm^{-2}	纯钾量 /kg·hm^{-2}
3	1	−1	1	68.10	18.20	132.30
4	1	−1	−1	68.10	18.20	71.70
5	−1	1	1	36.90	33.50	132.30
6	−1	1	−1	36.90	33.50	71.70
7	−1	−1	1	36.90	18.20	132.30
8	−1	−1	−1	36.90	18.20	71.70
9	1.682	0	0	78.80	25.80	102.00
10	−1.682	0	0	26.20	25.80	102.00
11	0	1.682	0	52.50	38.70	102.00
12	0	−1.682	0	52.50	12.90	102.00
13	0	0	1.682	52.50	25.80	153.00
14	0	0	−1.682	52.50	25.80	51.00
15	0	0	0	52.50	25.80	102.00
16	0	0	0	52.50	25.80	102.00
17	0	0	0	52.50	25.80	102.00
18	0	0	0	52.50	25.80	102.00
19	0	0	0	52.50	25.80	102.00
20	0	0	0	52.50	25.80	102.00

表 5-7 老砂地施肥方案

处理	土壤供肥 /kg·hm^{-2}			基肥 /kg·hm^{-2}			伸蔓期追肥 /kg·hm^{-2}			开花坐果期追肥 /kg·hm^{-2}		
	N	P$_2$O$_5$	K$_2$O	N	P$_2$O$_5$	K$_2$O	N	P$_2$O$_5$	K$_2$O	N	P$_2$O$_5$	K$_2$O
1	17.82	1.19	52.35	5.37	1.56	7.14	22.46	15.38	36.41	22.46	15.38	36.41
2	17.82	1.19	52.35	5.37	1.56	7.14	22.46	15.38	6.11	22.46	15.38	6.11
3	17.82	1.19	52.35	5.37	1.56	7.14	22.46	7.73	36.41	22.46	7.73	36.41
4	17.82	1.19	52.35	5.37	1.56	7.14	22.46	7.73	6.11	22.46	7.73	6.11
5	17.82	1.19	52.35	5.37	1.56	7.14	6.86	15.38	36.41	6.86	15.38	36.41
6	17.82	1.19	52.35	5.37	1.56	7.14	6.86	15.38	6.11	6.86	15.38	6.11
7	17.82	1.19	52.35	5.37	1.56	7.14	6.86	7.73	36.41	6.86	7.73	36.41
8	17.82	1.19	52.35	5.37	1.56	7.14	6.86	7.73	6.11	6.86	7.73	6.11
9	17.82	1.19	52.35	5.37	1.56	7.14	27.81	11.53	21.26	27.81	11.53	21.26
10	17.82	1.19	52.35	5.37	1.56	7.14	1.51	11.53	21.26	1.51	11.53	21.26
11	17.82	1.19	52.35	5.37	1.56	7.14	14.66	17.98	21.26	14.66	17.98	21.26

处理	土壤供肥 /kg·hm⁻²			基肥 /kg·hm⁻²			伸蔓期追肥 /kg·hm⁻²			开花坐果期追肥 /kg·hm⁻²		
	N	P_2O_5	K_2O	N	P_2O_5	K_2O	N	P_2O_5	K_2O	N	P_2O_5	K_2O
12	17.82	1.19	52.35	5.37	1.56	7.14	14.66	5.08	21.26	14.66	5.08	21.26
13	17.82	1.19	52.35	5.37	1.56	7.14	14.66	11.53	46.76	14.66	11.53	46.76
14	17.82	1.19	52.35	5.37	1.56	7.14	14.66	11.53	0.00	14.66	11.53	0.00
15	17.82	1.19	52.35	5.37	1.56	7.14	14.66	11.53	21.26	14.66	11.53	21.26
16	17.82	1.19	52.35	5.37	1.56	7.14	14.66	11.53	21.26	14.66	11.53	21.26
17	17.82	1.19	52.35	5.37	1.56	7.14	14.66	11.53	21.26	14.66	11.53	21.26
18	17.82	1.19	52.35	5.37	1.56	7.14	14.66	11.53	21.26	14.66	11.53	21.26
19	17.82	1.19	52.35	5.37	1.56	7.14	14.66	11.53	21.26	14.66	11.53	21.26
20	17.82	1.19	52.35	5.37	1.56	7.14	14.66	11.53	21.26	14.66	11.53	21.26

5.2.3　测定项目及方法

同第 2 章 3.2.3。

5.2.4　数据分析

同第 2 章 2.2.4。

5.3　结果与分析

5.3.1　非充分补灌条件下甜瓜平衡施肥回归模型的建立与检验

5.3.1.1　非充分补灌条件下甜瓜平衡施肥回归模型的建立

根据二次回归通用旋转组合设计原理,以新、老压砂地甜瓜产量(表 5-8)为目标函数,氮磷钾需肥量为因子,通过编制程序上机进行二次回归拟合,分别求得非充分补灌条件下甜瓜产量与氮磷钾三因素编码值的平衡施肥回归模型,即:

新压砂地:

$$y = 24\ 985.1 + 835.1x_1 + 1\ 443.7x_2 + 284.0x_3 - 121.7x_1x_2 + 72.2x_1x_3 + 80.4x_2x_3 - 719.3x_1^2 - 857.7x_2^2 - 172.1x_3^2 \tag{5-1}$$

老压砂地:

$$y = 14\ 545.2 + 719.1x_1 + 1\ 278.8x_2 + 386.3x_3 + 141.4x_1x_2 + 61.1x_1x_3 + 31.9x_2x_3 - 556.0x_1^2 - 574.6x_2^2 - 221.2x_3^2 \tag{5-2}$$

式中　　y——甜瓜的预测产量,kg·hm⁻²;

x_1, x_2, x_3——线性变换后的纯氮量、纯磷量和纯钾量的无因次变量。

表 5-8   甜瓜产量测定结果

处理	产量/kg·hm⁻²	
	新砂地(3 a)	老砂地(28 a)
1	25 584.0	15 643.5
2	24 721.5	14 802.0
3	22 930.5	13 146.0
4	22 458.0	11 473.5
5	24 124.5	14 239.5
6	23 619.0	12 684.0
7	21 052.5	11 349.0
8	20 800.5	10 879.5
9	24 637.5	14 371.5
10	21 481.5	12 048.0
11	25 317.0	15 222.0
12	20 019.0	11 092.5
13	25 138.5	14 376.0
14	24 076.5	13 938.0
15	25 656.0	13 989.0
16	24 685.0	13 765.5
17	24 373.5	15 178.5
18	24 552.0	14 479.5
19	25 638.0	14 718.0
20	24 948.0	15 048.0

5.3.1.2　非充分补灌条件下甜瓜平衡施肥回归模型的检验

对回归模型式(5-1)和式(5-2)进行显著性检验,由检验结果(表 5-9)可知,对于新、老压砂地,失拟项 $F_{lf} < F_{0.9}(5,5) = 3.45$,差异均不显著,说明试验未含有其他不可忽略的因素对试验结果的干扰,可用 $F_{回}$ 进一步检验;由于 $F_{回} > F_{0.9}(9,10) = 2.35$,差异极显著,因素与产量的复相关系数 R 为 0.938 和 0.902,表明氮磷钾各配比处理与产量间的回归关系达到极显著水平,用此平衡施肥回归模型进行产量预测,具有较高的可靠性[291]。

表 5-9   回归模型显著性检验

砂地类型	F_{lf}	$F_{回}$	R
新砂地(3 a)	0.21	33.56	0.938
老砂地(28 a)	1.03	13.73	0.902

注:临界值 $F_{0.9}(5,5) = 3.45$,$F_{0.9}(9,10) = 2.35$。

对回归模型的偏回归系数进行显著性检验,检验结果(表 5-10)表明,常数项、氮的一次项 x_1 和二次项 x_1^2、磷的一次项 x_2 和二次项 x_2^2 对产量的影响极显著(＊＊＊);钾的一次项

x_3 对产量影响非常显著（＊＊），钾的二次项 x_3^2 对产量影响较显著（＊），交互项系数均不显著，于是回归方程式(5-1)和式(5-2)可简化为：

新砂地：

$$y = 24\ 985.1 + 835.1x_1 + 1\ 443.7x_2 + 284.0x_3 - 719.3x_1^2 - 857.7x_2^2 - 172.1x_3^2$$

$$(5-3)$$

老砂地：

$$y = 14\ 545.2 + 719.1x_1 + 1\ 278.8x_2 + 386.3x_3 - 556.0x_1^2 - 574.6x_2^2 - 221.2x_3^2$$

$$(5-4)$$

由简化方程式(5-3)和式(5-4)可以看出，氮、磷和钾的用量均对产量反应敏感。

表 5-10　　　　　　　　　　　　　　　　偏回归系数显著性检验

类型	t_0	t_1	t_2	t_3	t_4	t_5	t_6	t_7	t_8	t_9
新砂地	142.55 ＊＊＊	7.18 ＊＊＊	12.41 ＊＊＊	2.44 ＊＊	1.80	0.48	0.53	6.35 ＊＊＊	7.58 ＊＊＊	1.52 ＊
老砂地	62.49 ＊＊＊	4.66 ＊＊＊	8.28 ＊＊＊	2.50 ＊＊	0.70	0.30	0.16	3.70 ＊＊＊	3.82 ＊＊＊	1.47

注：临界值 $t_{0.99}(10)=2.76$，$t_{0.95}(10)=1.81$，$t_{0.90}(10)=1.37$。

5.3.2　非充分补灌条件下甜瓜平衡施肥回归模型分析

5.3.2.1　主因素效应

肥料是影响甜瓜生长的重要因素，平衡施肥不仅可以有效增加甜瓜的产量，还能够改善甜瓜的品质。由回归模型式(5-1)和式(5-2)的偏回归系数及 t 检验值（表 5-10）可知，在试验范围内，三因素都有增产效应，并由系数大小可判断出各因素对产量的影响顺序为：纯磷量 x_2 ＞纯氮量 x_1 ＞纯钾量 x_3。说明在本试验条件下，三因素中磷对产量的影响最大，居于首位，其次是氮和钾。在通用旋转组合设计中，由于二次项回归系数间是相关的，故不能直接根据它们绝对值的大小来比较二次项的作用大小。

5.3.2.2　单因素效应

对回归模型式(5-1)和式(5-2)进行降维处理，求得单因素对产量的一元二次回归子模型如下：

$$新砂地 \begin{cases} 纯氮量：y_1 = 24\ 985.1 + 835.1x_1 - 719.3x_1^2 \\ 纯磷量：y_2 = 24\ 985.1 + 1\ 443.7x_2 - 857.7x_2^2 \\ 纯钾量：y_3 = 24\ 985.1 + 284.0x_3 - 172.1x_3^2 \end{cases} \quad (5-5)$$

$$老砂地 \begin{cases} 纯氮量：y_1 = 14\ 545.2 + 719.1x_1 - 556.0x_1^2 \\ 纯磷量：y_2 = 14\ 545.2 + 1\ 278.8x_2 - 574.6x_2^2 \\ 纯钾量：y_3 = 14\ 545.2 + 386.3x_3 - 221.2x_3^2 \end{cases} \quad (5-6)$$

根据上述不同偏回归子模型式(5-5)和式(5-6)，得出各因素在不同水平下的甜瓜产量预测值（表 5-11）及其单因素对产量的效应曲线（图 5-1、图 5-2、图 5-3、图 5-4、图 5-5、图 5-6）。

表 5-11　　　　　　　　　　　单因素不同水平产量预测值　　　　　　　　　　kg・hm^{-2}

水平编码 X_j	新砂地			老砂地		
	纯氮量 Y_1	纯磷量 Y_2	纯钾量 Y_3	纯氮量 Y_1	纯磷量 Y_2	纯钾量 Y_3
1.682	24 354.7	24 985.7	24 975.9	14 181.7	15 070.5	14 569.2
1	25 100.9	25 570.4	25 097.0	14 708.3	15 249.4	14 710.3
0	24 985.1	24 985.1	24 985.1	14 545.2	14 545.2	14 545.2
−1	23 430.7	22 684.4	24 529.0	13 270.1	12 691.8	13 937.7
−1.682	21 545.5	20 131.4	24 020.5	11 762.7	10 768.6	13 269.6
x^*	25 227.5	25 592.0	25 102.3	14 777.7	15 256.7	14 713.9
均值 $\bar{x}$	24 107.4	23 991.5	24 785.0	13 874.3	13 930.4	14 291.0
标准差 s	1 420.9	2 174.4	430.0	1 173.0	1 828.0	577.0
变异度 C_v/%	5.9	9.1	1.7	8.5	13.1	4.0

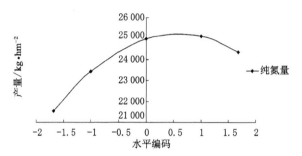

图 5-1　纯氮量对新砂地甜瓜产量的效应曲线

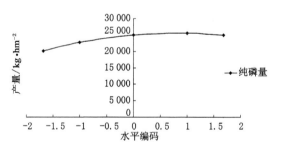

图 5-2　纯磷量对新砂地甜瓜产量的效应曲线

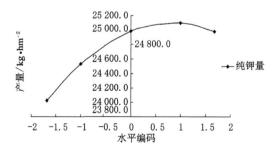

图 5-3　纯钾量对新砂地甜瓜产量的效应曲线

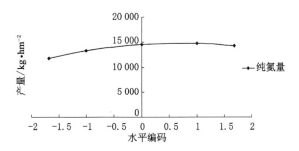

图 5-4　纯氮量对老砂地甜瓜产量的效应曲线

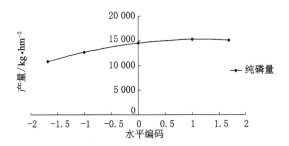

图 5-5　纯磷量对老砂地甜瓜产量的效应曲线

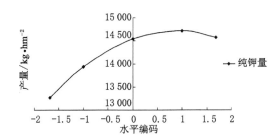

图 5-6　纯钾量对新砂地甜瓜产量的效应曲线

由表 5-11 及图 5-1 至图 5-6 可知,在不同压砂地上,氮、磷、钾三个因素对甜瓜产量的效应均呈凸抛物线形,随着施肥量的增加,产量随之增加,当增加到一定程度时,产量反而下降,呈报酬递减规律;三因素中使产量的变异度 C_v 为最高的是纯磷量,其次是纯氮量和纯钾量。

氮肥在植株发育前期特别重要,尤其对促进甜瓜叶片发育,茎蔓健壮生长十分重要。纯氮量的产量效应曲线(图 5-1、图 5-2)表明,对于新砂地,当纯氮量由 −1.682(52.5 kg·hm^{-2})水平增加到 0.58(87.8 kg·hm^{-2})水平时,产量由 21 545.5 kg·hm^{-2} 增加到 25 227.5 kg·hm^{-2},即增加单位纯氮量时的产量增加值为 104.3 kg·kg^{-1};随着纯氮量由 0.58 水平增加到 1.682(105.0 kg·hm^{-2})水平时,产量反而呈下降趋势,增加单位纯氮量时的产量下降值为 50.7 kg·kg^{-1};对于老砂地,当纯氮量由 −1.682(26.2 kg·hm^{-2})水平增加到 0.65(62.7 kg·hm^{-2})水平时,产量由 11 762.7 kg·hm^{-2} 增加到 14 777.7 kg·hm^{-2},即增加单位纯氮量时的产量增加值为 82.6 kg·kg^{-1};随着纯氮量由 0.65 水平增加到 1.682(78.8 kg·hm^{-2})水平时,产量反而呈下降趋势,增加单位纯氮量时的产量下降值为 37.0 kg·kg^{-1}。

增施磷肥利于作物生长发育,对甜瓜根系生长、果实发育、花芽分化和雌花的形成均有良好的促进作用;纯磷量的产量效应曲线(图 5-3、图 5-4)表明,对于新砂地,当纯磷量由 －1.682(25.8 kg·hm^{-2})水平增加到 0.84(45.1 kg·hm^{-2})水平时,产量由 20 131.4 kg·hm^{-2}增加到 25 592.0 kg·hm^{-2},即增加单位纯磷量时的产量增加值为 292.9 kg·kg^{-1};随着纯磷量由 0.84 水平增加到 1.682(51.6 kg·hm^{-2})水平时,产量降低,增加单位纯磷量时的产量下降值为 93.3 kg·kg^{-1}。对于老砂地,当纯磷量由 －1.682(12.9 kg·hm^{-2})水平增加到 1.11(34.3 kg·hm^{-2})水平时,产量由 10 768.6 kg·hm^{-2}增加到 15 256.7 kg·hm^{-2},即增加单位纯磷量时的产量增加值为 209.7 kg·kg^{-1};随着纯磷量由 1.11 水平增加到 1.682(38.7 kg·hm^{-2})水平时,产量降低,增加单位纯磷量时的产量下降值为 42.3 kg·kg^{-1}。

钾肥对果实的发育有影响,而且能提高抗病能力。纯钾量的产量效应曲线(图 5-5、图 5-6)表明对于新砂地,当纯钾量由 －1.682(102 kg·hm^{-2})水平增加到 0.83(178.2 kg·hm^{-2})水平时,产量由 24 020.5 kg·hm^{-2}增加到 25 102.3 kg·hm^{-2},即增加单位纯钾量时的产量增加值为 14.2 kg·kg^{-1};随着纯钾量由 0.83 水平增加到 1.682(204 kg·hm^{-2})水平时,产量降低,增加单位纯钾量时的产量下降值为 4.9 kg·kg^{-1}。对于老砂地,当纯钾量由 －1.682(51 kg·hm^{-2})水平增加到 0.87(128.4 kg·hm^{-2})水平时,产量由 13 269.6 kg·hm^{-2}增加到 14 713.9 kg·hm^{-2},即增加单位纯钾量时的产量增加值为 18.7 kg·kg^{-1};随着施钾量由 0.87 水平增加到 1.682(153.0 kg·hm^{-2})水平时,产量降低,增加单位纯钾量时的产量下降值为 5.9 kg·kg^{-1}。

由上述可见,在一定范围内,氮磷钾施用表现出正效应,而在某些范围内却表现出负效应,也说明了氮磷钾的施用必须保持一定的量才能获得较高的甜瓜产量。

5.3.2.3　单因素边际产量效应

各因素在不同水平下的甜瓜边际产量效应方程为:

$$
新砂地 \begin{cases} 纯氮量: \dfrac{\mathrm{d}y_1}{\mathrm{d}x_1} = 835.1 - 1438.6x_1 \\[2mm] 纯磷量: \dfrac{\mathrm{d}y_2}{\mathrm{d}x_2} = 1\,443.7 - 1\,715.4x_2 \\[2mm] 纯钾量: \dfrac{\mathrm{d}y_3}{\mathrm{d}x_3} = 284.0 - 344.2x_3 \end{cases} \tag{5-7}
$$

$$
老砂地 \begin{cases} 纯氮量: \dfrac{\mathrm{d}y_1}{\mathrm{d}x_1} = 719.1 - 1\,112.0x_1 \\[2mm] 纯磷量: \dfrac{\mathrm{d}y_2}{\mathrm{d}x_2} = 1\,278.8 - 1\,149.2x_2 \\[2mm] 纯钾量: \dfrac{\mathrm{d}y_3}{\mathrm{d}x_3} = 386.3 - 442.4x_3 \end{cases} \tag{5-8}
$$

由甜瓜边际产量效应方程[式(5-7)、式(5-8)]和单因素不同水平边际产量效应值(表 5-12),绘出各因素边际产量效应图 5-7 和图 5-8。由图 5-7 和图 5-8 可知,单个因素对产量的影响速率随水平改变而改变,当另两个因素编码值取为零水平时,随着投入量的增加,投入量的增产作用直线下降,说明各因素边际产量效益均呈递减趋势,且纯磷量的边际效益递减率最大,其次是纯氮量和纯钾量。

表 5-12　　　　　　　　　　单因素不同水平边际产量效应值　　　　　　　　kg·hm⁻²

水平编码 X_j	新砂地			老砂地		
	纯氮量 Y_1	纯磷量 Y_2	纯钾量 Y_3	纯氮量 Y_1	纯磷量 Y_2	纯钾量 Y_3
1.682	−1 584.6	−1 441.6	−294.9	−1 151.3	−654.2	−357.8
1	−603.5	−271.7	−60.2	−392.9	129.6	−56.1
0	835.1	1 443.7	284.0	719.1	1 278.8	386.3
−1	2 273.7	3 159.1	628.2	1 831.1	2 428.0	828.7
−1.682	3 254.8	4 329.0	862.9	2 589.5	3 211.8	1 130.4

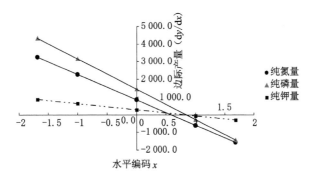

图 5-7　新砂地单因素边际产量效应

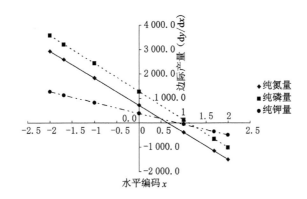

图 5-8　老砂地单因素边际产量效应

5.3.2.4　最优组合方案

5.3.2.4.1　新砂地甜瓜最优组合方案

根据已建立的非充分补灌条件下甜瓜平衡施肥回归模型[式(5-1)],在−1.682~1.682之间取 7 个水平(−1.682,−1,−0.5,0,0.5,1,1.682),上机进行不同目标下的最优组合方案模拟。通过模拟求得产量在 18 750~21 000 kg·hm⁻² 之间的有 54 个组合,产量在 21 000~23 250 kg·hm⁻² 之间的有 84 个组合,产量在 23 250~25 500 kg·hm⁻² 之间的有

165 个组合,产量在 25 500~27 750 kg·hm^{-2} 之间的有 24 个组合。各目标产量的寻优方案及频率见表 5-13、表 5-14、表 5-15 和表 5-16。

表 5-13   甜瓜产量在 18 750~21 000 kg·hm^{-2} 的寻优方案及频率

水平	纯氮量 x_1		纯磷量 x_2		纯钾量 x_3	
	次数	频率	次数	频率	次数	频率
−1.682	14	0.259 3	35	0.648 1	9	0.166 7
−1	5	0.092 6	10	0.185 2	8	0.148 1
−0.5	7	0.129 6	7	0.129 6	8	0.148 1
0	7	0.129 6	1	0.018 5	7	0.129 6
0.5	7	0.129 6	0	0.000 0	7	0.129 6
1	7	0.129 6	0	0.000 0	8	0.148 1
1.682	7	0.129 6	1	0.018 5	7	0.129 6
合计次数	54		54		54	
均值	−0.181 0		−1.309 0		−0.071 6	
标准差	0.475 1		0.255 0		0.447 0	
95%置信区间	−0.620 4~0.258 4		−1.544 9~−1.073 2		−0.485 0~0.341 9	
措施范围/kg·hm^{-2}	68.3~82.0		26.8~30.4		138.3~163.4	

表 5-14   甜瓜产量在 21 000~23 250 kg·hm^{-2} 的寻优方案及频率

水平	纯氮量 x_1		纯磷量 x_2		纯钾量 x_3	
	次数	频率	次数	频率	次数	频率
−1.682	26	0.309 5	0	0.000 0	18	0.214 3
−1	15	0.178 6	37	0.440 5	14	0.166 7
−0.5	9	0.107 0	13	0.154 8	10	0.119 0
0	8	0.095 2	9	0.107 1	11	0.131 0
0.5	7	0.083 3	8	0.095 2	11	0.131 0
1	8	0.095 2	8	0.095 2	10	0.119 0
1.682	11	0.131 0	9	0.107 1	10	0.119 0
合计次数	84					
均值	−0.395 6		−0.194 8		−0.201 9	
标准差	0.485 0		0.379 3		0.456 5	
95%置信区间	−0.844 1~0.052 9		−0.545 6~0.156 0		−0.624 1~0.220 4	
措施范围/kg·hm^{-2}	64.8~78.8		34.5~39.9		134.1~159.7	

表 5-15　　　　　甜瓜产量在 23 250～25 500 kg·hm⁻² 的寻优方案及频率

水平	纯氮量 x_1		纯磷量 x_2		纯钾量 x_3	
	次数	频率	次数	频率	次数	频率
−1.682	0	0.000 0	0	0.000 0	19	0.115 2
−1	22	0.133 3	0	0.000 0	25	0.151 5
−0.5	33	0.200 0	29	0.175 8	28	0.169 7
0	27	0.163 6	39	0.236 4	24	0.145 5
0.5	26	0.157 6	30	0.181 8	23	0.139 4
1	26	0.157 6	28	0.169 7	23	0.139 4
1.682	31	0.187 9	39	0.236 4	23	0.139 4
合计次数	165		165		165	
均值	0.319 0		0.570 3		0.013 5	
标准差	0.369 4		0.316 9		0.425 9	
95%置信区间	−0.020 8～0.658 9		0.277 2～0.863 4		−0.380 3～−0.407 4	
措施范围/kg·hm⁻²	78.5～89.1		40.8～45.3		141.6～165.2	

表 5-16　　　　　甜瓜产量在 25 500～27 750 kg·hm⁻² 的寻优方案及频率

水平	纯氮量 x_1		纯磷量 x_2		纯钾量 x_3	
	次数	频率	次数	频率	次数	频率
−1.682	0	0.000 0	0	0.000 0	0	0.000 0
−1	0	0.000 0	0	0.000 0	0	0.000 0
−0.5	0	0.000 0	0	0.000 0	1	0.041 7
0	7	0.291 7	0	0.000 0	5	0.208 3
0.5	9	0.375 0	11	0.458 3	6	0.250 0
1	8	0.333 3	13	0.541 7	6	0.250 0
1.682	0	0.000 0	0	0.000 0	6	0.250 0
合计次数	24		24		24	
均值	0.520 8		0.770 8		0.774 7	
标准差	0.161 2		0.101 7		0.267 7	
95%置信区间	0.371 8～0.669 9		0.676 8～0.864 9		0.267 7～0.527 1	
措施范围/kg·hm⁻²	83.8～88.5		43.9～45.4		169.0～184.0	

5.3.2.4.2　老砂地甜瓜最优组合方案

根据已建立的非充分补灌条件下甜瓜平衡施肥回归模型[式(5-2)],在 −1.682～1.682 之间取 7 个水平(−1.682,−1,−0.5,0,0.5,1,1.682),上机进行不同目标下的最优组合方案模拟。通过模拟求得产量在 9 000～11 250 kg·hm⁻² 之间的有 62 个组合,产量在 11 250～13 500 kg·hm⁻² 之间的有 114 个组合,产量在 13 500～15 750 kg·hm⁻² 之间的有 155 个组合,产量在 15 750～18 000 kg·hm⁻² 之间的有 3 个组合。各目标产量的寻优方案及频率见

表 5-17、表 5-18、表 5-19 和表 5-20。

表 5-17　　　甜瓜产量在 9 000～11 250 kg·hm⁻² 的寻优方案及频率

水平	纯氮量 x_1		纯磷量 x_2		纯钾量 x_3	
	次数	频率	次数	频率	次数	频率
−1.682	18	0.290 3	40	0.645 2	13	0.209 7
−1	8	0.129 0	11	0.177 4	9	0.145 2
−0.5	8	0.129 0	7	0.112 9	8	0.129 0
0	7	0.112 9	1	0.016 0	8	0.129 0
0.5	7	0.112 9	1	0.016 0	8	0.129 0
1	7	0.112 9	1	0.016 0	8	0.129 0
1.682	7	0.112 9	1	0.016 0	8	0.129 0
合计次数	62		62		62	
均值	−0.322 6		−1.267 7		−0.151 8	
标准差	0.472 4		0.285 7		0.460 8	
95%置信区间	−0.759 5～0.114 3		−1.531 9～−1.003 5		−0.577 9～0.274 4	
措施范围/kg·hm⁻²	40.7～54.3		14.0～18.1		84.5～110.3	

表 5-18　　　甜瓜产量在 11 250～13 500 kg·hm⁻² 的寻优方案及频率

水平	纯氮量 x_1		纯磷量 x_2		纯钾量 x_3	
	次数	频率	次数	频率	次数	频率
−1.682	24	0.210 5	0	0.000 0	22	0.193 0
−1	27	0.236 8	38	0.333 3	21	0.184 2
−0.5	18	0.157 9	26	0.228 1	16	0.140 4
0	10	0.087 7	20	0.175 4	14	0.122 8
0.5	10	0.087 7	11	0.096 5	14	0.122 8
1	10	0.087 7	9	0.078 9	13	0.114 0
1.682	15	0.131 6	10	0.087 7	14	0.122 8
合计次数	114		114		114	
均值	−0.317 0		−0.172 6		−0,197 0	
标准差	0.457 0		0.344 4		0.450 7	
95%置信区间	−0.739 7～0.105 7		−0.491 2～0.145 9		−0.613 8～−0.219 8	
措施范围/kg·hm⁻²	41.0～54.1		22.0～26.9		83.6～108.6	

表 5-19 甜瓜产量在 13 500～15 750 kg·hm^{-2} 的寻优方案及频率

水平	纯氮量 x_1		纯磷量 x_2		纯钾量 x_3	
	次数	频率	次数	频率	次数	频率
−1.682	0	0.000 0	0	0.000 0	11	0.071 0
−1	13	0.083 9	0	0.000 0	18	0.116 1
−0.5	23	0.148 4	16	0.103 2	24	0.154 8
0	32	0.206 5	28	0.180 6	26	0.167 7
0.5	31	0.200 0	37	0.238 7	26	0.167 7
1	30	0.193 5	37	0.238 7	24	0.154 8
1.682	26	0.167 7	37	0.238 7	26	0.167 7
合计次数	155		155		155	
均值	0.417 6		0.708 0		0.207 9	
标准差	0.332 8		0.288 2		0.404 9	
95%置信区间	0.109 8～0.725 4		0.441 4～0.974 5		−0.166 5～−0.582 4	
措施范围/kg·hm^{-2}	54.2～63.8		29.2～33.3		97.0～119.5	

表 5-20 甜瓜产量在 15 750～18 000 kg·hm^{-2} 的寻优方案及频率

水平	纯氮量 x_1		纯磷量 x_2		纯钾量 x_3	
	次数	频率	次数	频率	次数	频率
−1.682	0	0.000 0	0	0.000 0	0	0.000 0
−1	0	0.000 0	0	0.000 0	0	0.000 0
−0.5	0	0.000 0	0	0.000 0	0	0.000 0
0	0	0.000 0	0	0.000 0	0	0.000 0
0.5	1	0.333 3	0	0.000 0	0	0.000 0
1	2	0.666 7	2	0.666 7	3	1.000 0
1.682	0	0.000 0	1	0.333 3	0	0.000 0
合计次数	3		3		3	
均值	0.833 3		1.227 3		1.000 0	
标准差	0.096 2		0.131 3		0.000 0	
95%置信区间	0.744 3～0.922 3		1.105 9～1.348 7		1.000 0～1.000 0	
措施范围/kg·hm^{-2}	64.0～66.9		34.3～36.2		132.3～132.3	

5.4 结论

（1）建立了新、老压砂地补灌条件下覆膜甜瓜氮磷钾平衡施肥回归模型，经检验达到了显著水平，可用于预报和指导生产。

（2）在本试验条件下，各因素影响新、老砂地甜瓜产量的顺序为纯磷量＞纯氮量＞纯钾量。根据不同偏回归子模型,获得各因素在不同水平下的产量预测值。在设计范围内,三个因子对甜瓜产量的效应均呈凸抛物线形,随需肥量的增加,产量随之增加,当肥量增加到一定程度时,产量反而下降,呈报酬递减规律。由模型的交互作用分析得出,两因素间交互作用均不显著。

（3）补灌条件下新、老砂地甜瓜不同产量水平下的氮磷钾平衡施肥方案见表 5-21、表 5-22。

表 5-21　　　　　　　　　　新砂地不同目标产量下的氮磷钾平衡施肥方案　　　　　　kg·hm^{-2}

目标产量	纯氮量	纯磷量	纯钾量
18 750～21 000	68.3～82.0	26.8～30.4	138.3～163.4
21 000～23 250	64.8～78.8	34.5～39.9	134.1～159.7
23 250～25 500	78.5～89.1	40.8～45.3	141.6～165.2
25 500～27 750	83.8～88.5	43.9～45.4	169.0～184.0

表 5-22　　　　　　　　　　老砂地不同目标产量下的氮磷钾平衡施肥方案　　　　　　kg·hm^{-2}

目标产量	纯氮量	纯磷量	纯钾量
9 000～11 250	40.7～54.3	14.0～18.1	84.7～110.3
11 250～13 500	41.0～54.1	22.0～26.9	83.6～108.6
13 500～15 750	54.2～63.8	29.2～33.3	97.0～119.5
15 750～18 000	64.0～66.9	34.3～36.2	132.3～132.3

综上所述,在新、老压砂地上,氮磷钾平衡施肥能有效提高甜瓜产量,过量施肥或肥料施用不足,都会影响甜瓜的正常生长发育,破坏甜瓜正常的营养平衡代谢。甜瓜要求在生育期内氮、磷、钾肥能够持续不断地供应,在生产上应根据甜瓜各生育期对养分的不同需求进行合理追肥。为了保证中卫市香山地区压砂瓜的市场优势,须改变传统的用肥机制,确定以充分腐熟的农家肥与生物有机肥为主、化肥为辅的用肥机制,加快测土配方平衡施肥的应用,实现标准化施肥,以防过量施用肥料,影响压砂瓜品质[299]。

第 6 章　研究工作总结与展望

6.1　研究工作总结

本书针对宁夏压砂地土壤退化和水肥利用效率低等实际问题,采用多学科交叉研究,理论和试验相结合,室内试验和小区试验相结合的技术路线,以回归通用旋转组合设计、对比方法、计算机数值模拟方法为手段,对压砂地土壤退化机理、甜瓜需水需肥规律、水肥耦合效应和平衡施肥进行了系统研究,为宁夏压砂瓜水肥高效利用和压砂地持续利用提供技术支撑和理论依据。现将主要研究成果概括如下:

(1)针对压砂地土壤退化问题,通过大田试验和室内分析相结合的方法,利用先进的仪器设备,对西北干旱区不同压砂年限压砂地土壤理化性质、微生物及酶活性变化及土体的垂直分布特征进行试验研究,探明了不同压砂年限土壤的理化特性、微生物和酶活性变化规律,为充分发挥宁夏压砂地生产潜力、提高肥料利用率,合理施肥和可持续利用提供理论依据。主要结论为:

① 土壤容重随压砂年限的增大呈现高—低—高—低波浪式的变化趋势,与 1 a 砂地(CK)相比,10 a 砂地 0~60 cm 土层容重平均值增加了 1.60%,其他年限(6 a、17 a、25 a、33 a、40 a)分别下降了 7.09%、5.20%、1.07%、8.83%和 10.21%;而田间持水率却随压砂年限的增大呈现低—高—低—高波浪式的变化趋势,与 1 a 砂地(CK)相比,17 a 砂地 0~60 cm 田间持水率平均值降低了 2.92%,其他年限(6 a、10 a、25 a、33 a、40 a)分别增大了 8.66%、2.91%、5.75%、12.07%和 17.52%;通过用直线拟合土壤容重(y)与田间持水率(x)之间的关系,得出两者存在显著负相关,拟合方程为 $y = -20.19x + 48.306$,$R^2 = 0.862\,4$。在 0~60 cm 土层深度内,0~20 cm 土层的容重明显高于其他土层;20~40 cm 土层田间持水率最高。

② 土壤 pH 值随压砂年限的增大呈现先增加后下降的趋势,其变化曲线呈凸抛物线型,1 a 砂地和其他年限的土壤 pH 值之间差异达显著水平,而其他年限的土壤 pH 值之间没有明显差异,变化较为平缓。

③ 土壤全盐量随压砂年限的增大呈现高—低—高—低的变化趋势。0~60 cm 土层平均全盐量变异范围为 0.34~0.81 g·kg⁻¹,1 a 砂地全盐量最高,且和其他年限之间差异达显著水平,10 a、17 a、25 a、33 a 和 40 a 的土壤全盐量之间没有明显差异,变化较为平缓。在土层深度 0~60 cm 内,同一压砂年限的土壤全盐量随土层深度的增加呈上升趋势。

④ 土壤有机质含量随压砂年限的增大呈现下降趋势,减少的原因主要在于有机肥施入量不足。0~60 cm 土层平均有机质含量变异范围为 3.55~5.81 g·kg⁻¹,1 a 砂地有机质含量最高,与 6 a 土壤有机质含量之间无明显差异,但与 10 a、17 a、25 a、33 a、40 a 的土壤有

机质含量之间差异达显著水平;在土层深度0~60 cm内,同一压砂年限的土壤有机质含量随土层深度的增加呈下降趋势。

⑤ 压砂地土壤碱解氮含量随压砂年限的增大呈现下降趋势,其原因在于长期施有机肥不足,造成砂田氮素的严重匮乏,致使作物产量显著下降。在0~60 cm土层不同年限压砂地平均碱解氮含量变异范围为14.06~30.14 g·kg^{-1},1 a砂地碱解氮含量最高,与其他年限的土壤碱解氮含量之间差异达显著水平,压砂40年年均下降率为1.94%。在土层深度0~60 cm内,同一压砂年限的土壤碱解氮含量随土层深度的增加呈下降趋势,1 a的0~20 cm土层与20~40 cm土层之间无明显差异,与40~60 cm土层之间差异显著。

⑥ 压砂地土壤速效磷含量随压砂年限的增大呈现下降趋势,在0~60 cm土层不同年限压砂地平均速效磷含量变异范围为3.05~7.69 g·kg^{-1},1 a砂地速效磷含量最高,与其他年限的土壤速效磷含量之间差异达显著水平,压砂40年年均下降率为2.34%。在土层深度0~60 cm内,同一压砂年限的土壤速效磷含量随土层深度的增加呈下降趋势,1 a、6 a、10 a和33 a的不同土层深度土壤速效磷含量之间差异显著;17 a和40 a的不同土层深度土壤速效磷含量之间无明显差异。

⑦ 压砂地土壤速效钾含量随压砂年限的增大呈现下降趋势,在0~60 cm土层不同年限压砂地平均速效钾含量变异范围为85.50~187.00 g·kg^{-1},1 a砂地速效钾含量最高,与其他年限的土壤速效钾含量之间差异达显著水平,压砂40年年均下降率为1.99%。在土层深度0~60 cm内,同一压砂年限的土壤速效钾含量随土层深度的增加呈下降趋势,1 a、10 a的0~20 cm土层与2~40 cm土层之间无明显差异,与40~60 cm土层之间差异显著;6 a、33 a的0~20 cm土层与20~40 cm和40~60 cm之间存在显著性差异,20~40 cm与40~60 cm之间无明显差异;17 a和40 a的不同土层深度土壤速效钾含量之间差异显著。

⑧ 不同压砂年限的土壤肥力之间的相关分析表明,土壤pH值与土壤有机质、碱解氮、速效磷和速效钾呈极显著负相关;土壤全盐与有机质、碱解氮、速效磷和速效钾之间无明显的显著关系;土壤有机质与碱解氮、速效磷和速效钾呈级显著正相关;土壤碱解氮与速效磷和速效钾呈极显著正相关;土壤速效磷与速效钾呈极显著正相关。

⑨ 在0~20 cm土层深度,不同压砂年限土壤微生物数量均随着压砂年限的增大呈现下降趋势,压砂6年内,土壤水热条件尚好,土壤微生物活性也较强,细菌和放线菌的数量呈现增加趋势,随着压砂年限的增大,砂田的蓄水保墒及增温效应逐渐降低,土壤紧实,通气性较差,土壤微生物活性减弱,细菌、真菌和放线菌的含量也逐渐降低。

⑩ 压砂地土壤脲酶活性随压砂年限的增大呈现下降趋势。在0~60 cm土层,不同年限压砂地平均脲酶活性变异范围为3.75~10.70 g·kg^{-1},1 a砂地土壤脲酶活性最高,与其他年限之间差异达显著水平,压砂40年年均下降率为2.65%。在垂直剖面0~20 cm土层的脲酶活性明显比下层的高,0~20 cm以下各层土壤脲酶活性随土层深度的增加逐渐减小。除40 a外,其他年限的0~20 cm土层与其他土层之间差异显著。

⑪ 压砂地土壤磷酸酶活性随压砂年限的增大呈现下降趋势。在0~60 cm土层,不同年限压砂地平均磷酸酶活性变异范围为182.21~633.93 mg·kg^{-1}·h^{-1},1 a砂地土壤磷酸酶活性最高,与其他年限之间差异达显著水平,压砂40 a年均下降率为3.15%。在垂直剖面0~20 cm土层的磷酸酶活性明显比下层的高。20 cm以下各层土壤磷酸酶活性随土

层深度的增加逐渐减小。

⑫ 土壤酶活性与土壤养分有着必然的联系和重要的影响。脲酶和磷酸酶等土壤酶可用来表征土壤肥力水平。不同压砂年限土壤酶活性与土壤肥力间的相关性分析表明,脲酶与土壤 pH 值呈显著负相关,与有机质、碱解氮、速效磷、速效钾呈极显著正相关;磷酸酶与土壤 pH 值呈极显著正相关,与有机质、碱解氮、速效磷、速效钾也呈极显著正相关。通过分层取样比较不同压砂年限压砂地土壤理化性质、微生物及酶活性变化及在土体的垂直分布特征,分析压砂地退化机理。结果表明,压砂时间的长短对土壤性质的影响程度不同,总体表现为压砂时间越长,对土壤性质影响越大;土壤容重、田间持水率随压砂年限的增大呈现波浪式的变化趋势,两者呈显著负相关;土壤有机质、碱解氮、速效磷、速效钾、脲酶活性及磷酸酶活性均随压砂年限的增大呈现显著的下降趋势,且 0～20 cm 土层的含量显著高于下层;土壤肥力之间的存在一定的相关关系,脲酶和磷酸酶与有机质、碱解氮、速效磷、速效钾也呈极显著正相关。

⑬ 压砂地土壤退化的原因主要表现在土壤养分衰退、土壤微生物酶活性下降、砂土混合、施肥不合理、长期施用农药及塑料地膜引起土壤污染等方面。

(2) 针对压砂地甜瓜的最优补灌问题,对甜瓜需水规律、产量及水分生产函数进行研究。在桶栽试验条件下,得出如下结论:

① 压砂地甜瓜产量与需水量之间呈二次抛物线趋势变化,水量过少或过多都会影响产量。在桶栽试验条件下,随着需水量的增加,产量随之增加;当需水量大于 59 m³ 时,产量非但不增加,反而逐渐下降,呈报酬递减规律。因此合理控制水量既能节水又会提高产量。

② 建立了压砂地甜瓜水分生产函数模型

$$\frac{y_a}{y_m} = \left(\frac{ET_1}{ET_{m1}}\right)^{0.1667} \left(\frac{ET_2}{ET_{m2}}\right)^{0.1128} \left(\frac{ET_3}{ET_{m3}}\right)^{0.2212} \left(\frac{ET_4}{ET_{m4}}\right)^{0.1371} \left(\frac{ET_5}{ET_{m5}}\right)^{0.0258} \left(\frac{ET_6}{ET_{m6}}\right)^{0.0002}$$

各生育阶段水分敏感指数按开花坐果期、伸蔓前期、膨大前期、伸蔓后期、膨大中期、膨大后期依次降低,其变化规律与甜瓜的需水规律相一致,在开花坐果期、伸蔓前期和膨大前期需保证水分需要,其他阶段可适当减少灌水量,以取得最佳的生产效益,为干旱地区甜瓜生产及制定灌溉制度提供理论依据。

(3) 针对压砂地甜瓜水肥利用效率较低的问题,采用三因素五水平二次回归通用旋转组合设计方法,进行了压砂地膜下滴灌水肥耦合效应试验。在桶栽试验条件下,得出如下结论:

① 建立了膜下滴灌条件下新砂地甜瓜水肥耦合回归模型

$$y = 13\ 239.4 + 1\ 453.1x_1 + 215.3x_2 + 688.1x_3 + 140.8x_1x_2 + 329.1x_1x_3 +$$
$$170.1x_2x_3 - 636.1x_1^2 - 144.8x_2^2 - 271.0x_3^2$$

式中　　y ——甜瓜的预测产量,kg·hm^{-2};

　　　　x_1,x_2,x_3 ——灌溉定额、纯氮量和纯磷量经过线性变换后的无因次变量。

经检验达到了极显著水平,用此水肥耦合回归模型进行产量预测,具有较高的可靠性,能客观反映灌溉定额、纯氮量、纯磷量与砂地甜瓜产量之间的关系。

② 通过对模型进行主因素效应、单因素效应和交互作用分析得出,在试验条件下,各因素对甜瓜产量的影响均有明显的增产效应且达到显著水平,随着灌溉定额和肥量的增加,产量随之增加,但当增加到一定程度时,产量不再增加,反而逐渐下降,呈报酬递减规律。三因

素对膜下滴灌甜瓜产量的影响顺序为灌溉定额＞纯磷量＞纯氮量。

③ 由模型的交互作用分析得出,灌溉量与施磷量的正交互作用较显著,表明两因素耦合对产量的增加具有协同促进作用,高磷配以高水、低磷配以低水产量高。

④ 通过计算机模拟,求得各目标产量下的最优组合方案(表 6-1),这些方案可为压砂地甜瓜节水节肥和高效栽培提供科学依据。

表 6-1 不同目标产量下的水肥耦合最优组合方案 kg·hm⁻²

目标产量	灌溉定额	纯氮量	纯磷量
7 500～9 750	58.9～68.7	46.2～58.9	21.8～28.3
9 750～12 000	134.7～181.1	44.1～57.2	17.9～24.4
12 000～14 250	195.3～234.1	44.7～57.2	24.5～29.4
14 250～16 500	246.8～272.3	58.4～67.1	32.7～35.6

(4) 针对压砂地土壤退化和养分失衡的问题,分别在不同年限压砂地进行了平衡施肥效应试验,研究了非充分补灌条件下氮磷钾不同用量配比对甜瓜产量的影响,在小区试验条件下,得出如下结论:

① 建立了压砂地补灌条件下覆膜甜瓜氮磷钾平衡施肥回归模型,

新压砂地：$y = 24\,985.1 + 835.1x_1 + 1\,443.7x_2 + 284.0x_3 - 121.7x_1x_2 + 72.2x_1x_3 + 80.4x_2x_3 - 719.3x_1^2 - 857.7x_2^2 - 172.1x_3^2$

老压砂地：$y = 14\,545.2 + 719.1x_1 + 1\,278.8x_2 + 386.3x_3 + 141.4x_1x_2 + 61.1x_1x_3 + 31.9x_2x_3 - 556.0x_1^2 - 574.6x_2^2 - 221.2x_3^2$

式中　y——甜瓜的预测产量,kg·hm⁻²;

x_1, x_2, x_3——线性变换后的纯氮量、纯磷量和纯钾量的无因次变量,经检验达到了显著水平,可用于预报和指导生产。

② 在本试验条件下,各因素影响新、老砂地甜瓜产量的顺序为纯磷量＞纯氮量＞纯钾量。根据不同偏回归子模型,获得各因素在不同水平下的产量预测值。在设计范围内,三个因子对甜瓜产量的效应均呈开口向下的抛物线,随需肥量的增加,产量随之增加,当肥量增加到一定程度时,产量反而下降,呈报酬递减规律。

③ 得出补灌条件下新、老砂地甜瓜不同产量水平下的氮磷钾平衡施肥方案:

表 6-2 新砂地不同目标产量下的氮磷钾平衡施肥方案 kg·hm⁻²

目标产量	纯氮量	纯磷量	纯钾量
18 750～21 000	68.3～82.0	26.8～30.4	138.3～163.4
21 000～23 250	64.8～78.8	34.5～39.9	134.1～159.7
23 250～25 500	78.5～89.1	40.8～45.3	141.6～165.2
25 500～27 750	83.8～88.5	43.9～45.4	169.0～184.0

表 6-3	老砂地不同目标产量下的氮磷钾平衡施肥方案		kg・hm⁻²

目标产量	纯氮量	纯磷量	纯钾量
9 000～11 250	40.7～54.3	14.0～18.1	84.7～110.3
11 250～13 500	41.0～54.1	22.0～26.9	83.6～108.6
13 500～15 750	54.2～63.8	29.2～33.3	97.0～119.5
15 750～18 000	64.0～66.9	34.3～36.2	132.3～132.3

在新、老压砂地上,氮磷钾平衡施肥能有效提高甜瓜产量,过量施肥或肥料施用不足,都会影响甜瓜的正常生长发育,破坏甜瓜正常的营养平衡代谢。甜瓜要求在生育期内氮、磷、钾肥能够持续不断地供应,在生产上应根据甜瓜各生育期对养分的不同需求进行合理追肥。

6.2　创新点

本研究的创新点主要体现在以下几点:

(1) 探明了不同年限压砂地土壤的理化特性、微生物和酶活性变化规律,揭示了压砂地在肥力衰减方面的土壤退化机理,为宁夏压砂地持续利用提供理论依据。

(2) 建立了压砂地甜瓜水分生产函数模型,得到各生育阶段甜瓜的土壤水分敏感指数,为确定压砂地甜瓜优化灌溉制度提供了理论依据。

(3) 建立了膜下滴灌压砂地甜瓜水肥耦合模型,阐明了水分和养分的相互作用机理,得到了不同目标产量下水肥耦合最优组合方案,为提高水肥利用效率及压砂地生产能力提供理论依据。

(4) 建立了补灌条件下新、老压砂地甜瓜平衡施肥模型,得到了不同目标产量下氮、磷、钾最优配比方案,为解决土壤养分失衡和压砂地持续利用提供了理论依据。

6.3　展望

本书研究了压砂地退化机理及水肥模型,但许多问题尚待进一步研究:

(1) 在甜瓜生产中,合理的灌水施肥能够有效地促进作物根系对水分和养分的吸收,提高水肥利用率和产量。本书压砂地甜瓜水分生产函数模型和压砂地甜瓜水肥耦合效应试验研究均采用了旱棚桶栽,有效控制了水分条件,其变化规律与田间自然条件下的相一致,但在此条件下得到的产量往往和田间自然条件下的产量存在一定的差距,田间试验大多数研究补充灌水的效应,而灌水效应的大小与土壤底墒和作物生育期降水等因素有很大的关系。因此,在今后推广应用中有待不断探索修正与完善。

(2) 在本研究中,水肥对压砂地甜瓜的影响只限于产量,对于品质的影响有待进一步探索。

参 考 文 献

［1］张伟丽,阚燕.我国水资源短缺评价进展综述[J].吉林水利,2011(7):36-39.

［2］陈亚宁,杨青,罗毅,等.西北干旱区水资源问题研究思考[J].干旱区地理,2012,35(1):1-8.

［3］张春玲,付意成,臧文斌,等.浅析中国水资源短缺与贫困关系[J].中国农村水利水电,2013(1):1-4.

［4］沈晖,田军仓,宋天华.旱区老压砂地甜瓜配方施肥技术研究[J].灌溉排水学报,2011,30(5):99-102.

［5］王芳,李友宏,赵天成,等.关于宁夏压砂西甜瓜持续发展的思考[J].宁夏农林科技,2005(5):60-61,94.

［6］艾琳.中卫硒砂瓜[J].共产党人,2008(17-18):81-82.

［7］冯治平.中卫市硒砂瓜产业发展存在的问题与对策[J].安徽农学通报,2009,15(24):11,22.

［8］韩大勇,杨永兴,杨杨,等.湿地退化研究进展[J].生态学报,2012,32(4):1293-1307.

［9］关培辅.保护地土壤退化的预防和修复技术[J].吉林蔬菜,2005(3):53-54.

［10］R LAL. Soil quality and sustainability[C]. In:R Lal,W H Blum,C Valentine,et al. Methods for Assessment of Soil Degradation. USA:CRC Press LLC,1998:17-30.

［11］赵其国,孙波,张桃林.土壤质量与持续环境.土壤质量的定义及评价方法[J].土壤,1997(3):113-120.

［12］张桃林,王兴祥.土壤退化研究的进展与趋向[J].自然资源学报,2000,15(3):280-284.

［13］赵其国.我国红壤的退化问题[J].土壤,1995,27(6):281-285.

［14］OLDMAN L R,HAKKELING RTA ,SOMBROEK W G. World Map of the Status of the Soil Degradation[C]. An Explanatory Note,Wageningen,Netherlands:ISRIC and PUNE .[s. l.]:[s. n.],1991.

［15］GLASOD. Glosal Assessment of Soil Degradation[C]. World Maps. Wageningen (Netherlands):ISRIC and PUNE.[s. l.]:[s. n.],1990.

［16］UNEP. World Map on Status ofHuman-induced Soil Degradation,Printedby Boom-Ruy-grok,Harllem,the Netherlands[M].[s. l.]:[s. n.],1990.

［17］OLDMAN L R,ENGELEN,VWPVAN,et al . the Extent of Human-induced Soil Degradation[C]. Annex 5"World Map of The Status of Human-induced Soil Degradation,An Explanatory Note."Wageningen,Netherlands:[s. n.],1990.

［18］杨艳生.土壤退化指标体系研究[J].土壤侵蚀与水土保持学报,1998,4(4):44-46,71.

[19] 赵其国.土壤退化及其防治[J].土壤,1991,23(2):57-60,86.

[20] 张翠莲,玛喜.土壤退化研究的进展与趋向[J].北方环境,2010,22(3):42-45.

[21] 杨卿,郎南军,苏志豪.土壤退化研究综述[J].林业调查规划,2009,34(1):20-24.

[22] LAL R，STEWARD B A. Soil Degradation, Springer-Verlag[M]. New York ：ew York Inc. 1990.

[23] ANECKSAMPHANT C, CHAROENCHAMRATCHEEP C, VEARASILP T,et al. Conference Report of national Conference on Land Degradation[R]. Bangkok:DLD, 1999:5-33.

[24] 龚子同.防治土壤退化是我国农业现代化建设中的重大问题[J].农业现代化研究, 1982(2):1-8.

[25] 刘良梧,龚子同.全球土壤退化评价[J].自然资源,1995(1):10-15.

[26] 孙波,张桃林,赵其国.我国东南丘陵区土壤肥力的综合评价[J].土壤学报,1995,32 (4):362-369.

[27] 张桃林.中国红壤退化机制与防治[M].北京:中国农业出版社,1999.

[28] 赵其国,等.我国东部红壤地区土壤退化的时空变化、机理及调控对策的研究[R].南京:中国科学院南京土壤研究所,2000.

[29] 宫阿都,何毓蓉.土壤退化研究的进展及展望[J].世界科技研究与发展,2001,23(2): 18-20.

[30] 何毓蓉,张丹,张映翠,等.金沙江干热河谷区云南土壤退化过程研究[J].土壤侵蚀与水土保持学报,1999,5(4):1-5,38.

[31] 钟祥浩.干热河谷区生态系统退化及恢复与重建途径[J].长江流域资源与环境,2000, 9(3):376-383.

[32] 王占军,蒋齐,何建龙,等.宁夏环香山地区压砂地土壤肥力特征分析[J].水土保持学报,2010,24(2):201-204.

[33] 许强,吴宏亮,康建宏,等.旱区砂田肥力演变特征研究[J].干旱地区农业研究技, 2009,27(1):37-41.

[34] 胡景田,马琨,王占军,等.荒地不同压砂年限对土壤微生物区系、酶活性与土壤理化性状的影响[J].水土保持通报,2010,30(3):53-58.

[35] 赵亚慧,吴宏亮,康建宏,等.砂田轮作模式对土壤微生物区系的影响究[J].安徽农业科学,2012,40(27):13273-13275,13278.

[36] 夏辉,杨路华.作物水分生产函数的研究进展[J].河北工程技术高等专科学校学报, 2003,6(2):5-8.

[37] 沈荣开,张瑜芳,黄冠华.作物水分生产函数与农田非充分灌溉研究述评[J].水科学进展,1995(3):248-253.

[38] 郭相平,朱成立.考虑水分胁迫后效应的作物-水模型[J].水科学进展,2004,15(4): 463-466.

[39] 夏辉.河北平原冬小麦水肥生产函数的研究[D].保定:河北农业大学,2004:06.

[40] 杨路华,夏辉.非充分灌溉制度制定过程中 Jensen 模型的求解与应用[J].灌溉排水, 2002,21(4):13-16.

[41] 沈细中,朱良宗,崔远来,等.作物水、肥动态生产函数修正 Morgan 模型[J].灌溉排水,2001,20(2):17-20.

[42] CLUMPNERG, SOLOMNK. Accuracy and geographic transferability of crop water production functions [C]. In:James L G,English M J eds. Irrigation Systems for the 21st Century. New York:ASCE,1987,285-292.

[43] RAJPUT G S,SINGH J. Water production functions forwheat under different envi-ronmental conditions[J]. Agricultural Water Man-agement,1986(11):319-332.

[44] 赵永,蔡焕杰,张朝勇.非充分灌溉研究现状及存在问题[J].中国农村水利水电,2004(4):1-4.

[45] 王修贵,张祖莲.作物产量对水分亏缺敏感性指标的初步研究[J].灌溉排水,1998,17(2):25-30.

[46] 丛振涛,周智伟,雷志栋.Jensen 模型敏感指数的新定义及其解法[J].水科学进展,2002,13(6):730-735.

[47] 崔远来,茆智,李远华.作物水分敏感指标空间变异规律及等值线图研究[J].中国农村水利水电,1999(11):16-18.

[48] 崔远来,茆智,李远华.水稻水分生产函数时空变异规律研究[J].水科学进展,2002,13(7):484-491.

[49] 王金平,孙雪峰.作物水分与产量关系的综合模型[J].灌溉排水,2001,20(2):76-80.

[50] 茆智,崔远来,李新建.我国南方水稻水分生产函数试验研究[J].水利学报,1994(9):21-31.

[51] 贾小丰,卢文喜,马洪云,等.吉林西部人工草地水分生产函数模型初探[J].节水灌溉,2008(8):32-37.

[52] 杨旭东,白云岗,张江辉,等.塔里木盆地棉花水分生产函数模型研究[J].南水北调与水利科技,2008,6(4):110-112.

[53] 张恒嘉.几种大田作物水分 产量模型及其应用[J].中国生态农业学报,2009,17(5):997-1001.

[54] 刘旭,付强,崔海燕.查哈阳灌区水资源优化调度的大系统分解协调模型[J].中国农村水利水电,2008(11):15-18.

[55] 李亚龙,崔远来,李远华.作物水氮生产函数研究进展[J].水利学报,2006,37(6):704-710.

[56] FEDDES R A. Simulation of field water use and crop yield[C]. Center for Agric,pub-lishing and documentation Wageningen. [s. l.]:[s. n.],1978:183.

[57] MORGAN T H,et al. A dynamic model of corn yield response to water[J]. Water Resources Research,1980(6):59-67.

[58] 沈荣开,黄冠华,张瑜芳.夏玉米水分生产函数动态产量模型的研究[M].北京:中国农业出版社,1995:172-181.

[59] 李会昌,沈荣开,张瑜芳.作物水分生产函数动态产量模型-Feddes 模型初探[J].灌溉排水,1997,16(4):1-5.

[60] 李会昌.夏玉米动态水分生产函数的分析与研究[J].河北水利科技,1997,18(2):

21-25.

[61] 张祎茗,徐婧,康静雯,等.作物非充分灌溉研究进展[J].安徽农业科学,2010,38(9)：4423-4426.

[62] 罗远培,李韵珠.顺义县冬小麦喷灌高产节水灌溉制度的研究[M].北京:北京农业大学出版社,1994.

[63] 李韵珠,陆锦文,罗远培,等.土壤水和养分的有效利用[M].北京:北京农业大学出版社,1994:8-16.

[64] 张展羽,李寿声,何俊生,等.非充分灌溉制度设计优化模型[J].水科学进展,1993,4(3):207-214.

[65] 沈细中,朱良宗,崔远来,等.作物水、肥动态生产函数-修正 Morgan 模型[J].灌溉排水,2001,20(2):17-20.

[66] 王康,沈荣开,王富庆.作物水分氮素水分生产函数模型的研究[J].水科学进展,2002,13(6):736-740.

[67] 迟道才,王瑄,夏桂敏,等.北方水稻动态水分生产函数研究[J].农业工程学报,2004,20(3):30-34.

[68] 何春燕,张忠,何新林.作物水分生产函数及灌溉制度优化的研究进展[J].水资源与水工程学报,2007,18(3):42-45.

[69] BARTH C A, LURNLING B, SCHMITZ M, et al. Soybean trypsin inhibitors reduce absorption of exogenous and increase loss of endogenous protein in Iniature Pigs [J]. Nutrition, 1993(123):2195-2220.

[70] 于敏,励建荣.去除大豆抗营养因子的研究[J].营养学报,2001,23(4):383-385.

[71] 申孝军,张寄阳,孙景生,等.膜下滴灌技术的研究现状与展望[J].人们黄河,2009,31(9):64-66,69.

[72] 肖自添,蒋卫杰,余宏军.作物水肥耦合效应研究进展[J].作物杂志,2007(6):18-22.

[73] ARNON I. Physiological principles of Dry and Crop Production [C]. In: Gupta US. Physiological Aspects of Dry-land Farming. New York: Universal Press, 1975: 3-124.

[74] 张和平,刘晓楠.黑龙港地区冬小麦生产中水肥关系及其优化灌水施肥模型研究[J].干旱地区农业研究,1992,10(1):32-38.

[75] 徐学选,陈国良,穆兴民.春小麦水肥产出协同效应研究[J].水土保持学报,1994,8(4):72-78.

[76] 沈荣开,王康.水肥耦合条件下作物产量、水分利用和根系吸氮的试验研究[J].农业工程学报,2001,17(5):40-43.

[77] 尹光华,刘作新,李桂芳,等.水肥耦合对春小麦水分利用效率的影响[J].水土保持学报,2004,18(6):156-162.

[78] 顾国俊,季仁达,吴传万.水肥耦合对小麦产量的影响[J].园艺与种苗,2012(1):11-13.

[79] 周艳,李明思,蓝明菊,等.施肥频率对滴灌春小麦生长和产量的影响试验研究[J].灌溉排水学报,2011,30(4):72-75.

[80] 武继承,朱洪勋,杨占平.不同水肥条件下旱地小麦水肥利用率研究[J].华北农学报, 2003,18(4):95-98.

[81] 尹光华,刘作新,陈温福,等.水肥耦合条件下春小麦叶片的光合作用[J].兰州大学学报,2006,42(1):40-43.

[82] 王海龙,聂俊华,侯磊.水肥配合对小麦品质影响的回归分析[J].中国农学通报,2007, 23(1):169-172.

[83] 王月福,于振文,李尚霞,等.土壤肥力对小麦籽粒蛋白质组分含量及加工品质的影响[J].西北植物学报,2002,22(6):1318-1324.

[84] 谢小婷,黄璜,陈玉艳,等.作物水肥耦合产量效应模型研究进展[J].湖南农业科学, 2008(3):58-61.

[85] 邢维芹,王林权,李生秀.半干旱区夏玉米的水肥空间耦合效应[J].农业现代化研究, 2001,22(3):150-153.

[86] 孟兆江,刘安能,吴海卿.商丘试验区夏玉米节水高产水肥耦合数学模型与优化方案[J].灌溉排水,1997,16(4):18-21.

[87] 李楠楠,张忠学.黑龙江半干旱区玉米膜下滴灌水肥耦合效应试验研究[J].中国农村水利水电,2010(6):88-90,94.

[88] 孙文涛,孙占祥.滴灌施肥条件下玉米水肥耦合效应的研究[J].中国农业科学,2006, 39(3):563-568.

[89] 吕刚,史东梅.三峡库区春玉米水肥耦合效应研究[J].水土保持学报,2005,19(3): 192-195.

[90] 黄冠华,冯绍元,詹卫华,等.滴灌玉米水肥耦合效应的田间试验研究[J].中国农业大学学报,1999,4(6):48-52.

[91] 张秋英,刘晓冰,金剑,等.水肥耦合对玉米光合特性及产量的影响[J].玉米科学, 2001,94(2):64-67.

[92] 田军仓,韩丙芳,李应海,等.膜上灌玉米水肥耦合模型及其最佳组合方案研究[J].沈阳农业大学学报,2004,35(5-6):396-398.

[93] 勾仲芳,钟新才,冯广平.新疆玉米覆膜灌溉水肥耦合效应研究[J].新疆农业科学, 2001,38(1):23-26.

[94] 刘作新,郑昭佩,王建,等.辽西半干旱区小麦、玉米水肥耦合效应研究[J].应用生态学报,2000,11(4):540-544.

[95] 于亚军,李军,贾志宽,等.旱作农田水肥耦合研究进展[J].山西水利,2005,23(3): 220-224.

[96] 郑若良,守志荣.干旱胁迫对辣椒生理机制的影响研究[J].河北农业科学,2003,7(1): 11-15.

[97] 肖厚军,蒋太明,夏锦慧,等.贵州岩溶地区辣椒肥水耦合试验研究[J].灌溉排水学报, 2003,22(4):79-80.

[98] 杨红,姜虹,涂祥敏,等.水肥耦合对辣椒果实发育及产量的影响[J].现代农业科学, 2009,16(4):57-59.

[99] 杨彬,陈修斌,那利锋,等.温室辣椒水肥耦合效应研究[J].土壤,2009,4(2):278-281.

[100] 王健,梁运江,许广波,等.水肥耦合效应对保护地辣椒叶片叶绿素含量的影响[J].延边大学农学学报,2006,28(4):287-292,297.

[101] 梁运江,谢修鸿,许广波,等.水肥耦合对保护地辣椒叶片光合速率的影响[J].核农学报,2010,24(3):650-655.

[102] 赵义涛,梁运江,许广波.水肥耦合对保护地辣椒水分利用效率的影响[J].吉林农业大学学报,2007,29(5):523-527,546.

[103] 高艳明,李建设,田军仓,等.日光温室滴灌辣椒水肥耦合效应研究,[J].宁夏农学院学报,2000,21(3):40-45.

[104] 肖厚军,蒋太明,夏锦慧,等.贵州岩溶地区辣椒肥水耦合试验研究[J].灌溉排水学报,2003,22(4):79-81.

[105] 梁运江,许广波,谢修鸿,等.水肥处理对辣椒保护地土壤 pH 值的影响[J].水利水电科技进展,2011,31(2):50-52,62.

[106] 冯绍元,黄冠华,王凤新,等.滴灌棉花水肥偶合效应的田间试验研究[J].中国农业大学学报,1998,3(6):59-62.

[107] 赵春艳,张胜江,宋敏,等.膜下滴灌棉花水-土壤改良剂耦合效应研究[J].中国农村水利水电,2010(12):4-7.

[108] 赵春艳.北疆低肥力膜下滴灌棉田水肥耦合效应研究[J].干旱环境监测,2011,25(3):147-152.

[109] 牛新湘,许咏梅,马兴旺,等.地面灌溉条件下高产棉田水肥耦合的产量效应[J].干旱地区农业研究,2009,27(1):53-55,61.

[110] 郑重,马富裕,慕自新,等.膜下滴灌棉花水肥耦合效应及其模式研究[J].棉花学报,2000,12(4):198-201.

[111] 胡顺军,田长彦,王方,等.膜下滴灌棉花水肥耦合效应研究初报[J].干旱区资源与环境,2005,19(2):192-195.

[112] 翟云龙,郑德明,宋敏,等.水肥调控对滴灌棉花光合特性的影响[J].节水灌溉,2009(10):25-27,33.

[113] 张秋英,刘晓冰,等.水肥耦合对大豆光合特性及产量品质的影响[J].干旱地区农业研究,2003,21(1):47-50.

[114] 袁丽萍.水氮供应对日光温室番茄生育及品质影响的研究[D].北京:中国农业大学,2004.

[115] 石小红.马铃薯高产优质栽培技术及高产机理研究[D].青海:青海大学,2010.

[116] 张丽华,赵洪祥,谭国波,等.水肥耦合对大豆光合特性及产量的影响[J].大豆科学,2009(2):268-271.

[117] 郭亚芬,滕云,张忠学,等.东北半干旱区大豆水肥耦合效应试验研究[J].东北农业大学学报,2005,36(4):405-411.

[118] 周欣,滕云,王孟雪,等.东北半干旱区大豆水肥耦合效应盆栽试验研究[J].东北农业大学学报,2007,38(4):441-445.

[119] 滕云,郭亚芬,张忠学,等.东北半干旱区大豆水肥耦合模式试验研究[J].东北农业大学学报,2005,36(5):639-644.

[120] 冯淑梅,张忠学.滴灌条件下水肥耦合对大豆生长及水分利用效率的影响[J].灌溉排水学报,2011,30(4):65-67,75.

[121] 虞娜,张玉龙,黄毅,等.温室滴灌施肥条件下水肥耦合对番茄产量影响的研究[J].土壤通报,2003,34(3):179-183.

[122] 孙文涛,张玉龙,王思林,等.滴灌条件下水肥耦合对温室番茄产量效应的研究[J].土壤通报,2005,36(2):202-205.

[123] 陈碧华,郜庆炉,杨和连,等.日光温室膜下滴灌水肥耦合技术对番茄生长发育的影响[J].广东农业科学,2008(8):63-65,78.

[124] 陈碧华,郜庆炉,段爱旺,等.水肥耦合对番茄产量和硝酸盐含量的影响[J].河北农业科学,2007,(5):87-90.

[125] 虞娜,张玉龙,邹洪涛,等.温室内膜下滴灌不同水肥处理对番茄产量和品质的影响[J].干旱地区农业研究,2006,24(1):60-64.

[126] 陈修斌,潘林,王勤礼,等.温室番茄水肥耦合数学模型及其优化方案研究[J].南京农业大学学报,2006,29(3):138-141.

[127] 黄毅,张玉龙,虞娜,等.保护地西瓜栽培水肥调控模式的研究[J].辽宁农业科学,2001(3):9-12.

[128] 王芳,赵天成,李友宏,等.有机营养液体肥料对压砂西瓜产量和品质的影响[J].宁夏农林科技,2010(4):18-19.

[129] 贾云鹤.不同施肥处理对大棚西瓜产量和品质的影响[J].黑龙江农业科学,2010(5):47-48.

[130] 姚静,邹志荣,杨猛,等.日光温室水肥耦合对甜瓜产量影响研究初探[J].西北植物学报,2004,24(5):890-894.

[131] 马波,田军仓.膜下小管出流压砂地西瓜水肥耦合产量效应研究[J].节水灌溉,2009(10):6-9,12.

[132] 于洲海,孙西欢,马娟娟,等.作物水肥耦合效应的研究综述[J].山西水利,2009(6):45-47,50.

[133] 潘晓莹,武继承.水肥耦合效应研究的现状与前景[J].河南农业科学,2011,40(10):20-23.

[134] 王智琦,马忠明,张立勤,等.水肥耦合对作物生长的影响研究综述[J].甘肃农业科技,2011(5):44-47.

[135] 史宏志,范艺宽,刘国顺,等.烟草水肥耦合机理研究现状和展望[J].湖南农业科学,2008(10):5-10.

[136] 梁运江,依艳丽,许广波,等.水肥耦合效应的研究进展与展望[J].湖北农业科学,2006,45(3):385-388.

[137] 陆允甫,吕晓男.中国测土施肥工作的进展和展望[J].土壤学报,1995,32(3):241-250.

[138] 庄农.什么是测土配方平衡施肥[J].科学种田,1998(6):16-17.

[139] 侯彦林,陈守伦.施肥模型研究综述[J].土壤通报,2004,35(4):493-501.

[140] 金耀青.配方施肥的方法及其功能(-对我国配方施肥工作的评述)[J].土壤通报,

1989,20(1):46-49.

[141] 侯彦林.平衡施肥方法多归根到底三大类[N].中华合作时报,2003-5-22.

[142] 刘金山.水旱轮作区土壤分循环及其肥力质量评价与作物施肥效应研究[D].武汉:华中农业大学,2011.

[143] 马宝泉.临潭县春小麦测土配方施肥方案[J].甘肃农业科技,2009(1):50-52.

[144] 周鸣铮.中国的测土施肥[J].土壤,1987(1):7-13.

[145] BRAY R H. In Diagnostic Techniques for Soils and Crops[M]. American Potash Inst.:Washington, D. C. 1948:53.

[146] TRUOG E. Fifty Years of Soil Testing. 7th Intern[J]. Congration Soil Science, 1960,IV(7):46.

[147] RAMAMOORTHY B,NARSIMHAN R L,DINESH R S. Fertilizer Applicationfor Specific Yield Targets of Sonara[J]. Indian Farming,1967,17(5):43.

[148] STANFORD G. Rationale for Optimum N Fertilization in Corn Production[J]. Eviromental Quality,1973(2):159.

[149] PRASAD R, PRASAD B. Fertilizer Requirements for Specific Yield Targets of Soybean Based on Soil Testing in Alfisols[J]. Journal of the Indian Society of Soil Science,1996,44(2):332-333.

[150] SONAR K R,TAMBOLI B D, PATIL Y M, et al. Targetting Yield of Pearl Millet on Vertisols Based on Soil Testing[J]. Journal of the Indian Society of Soil Science, 1994,42(4):658-660.

[151] KATSUYUKI KATAYAMA,OSAMU ITO, JOSEPH JACKSON ADU-GYAM-FI, et al. Effects of NPK Fertilizer Combinations on Yield and Nitrogen Balance in Sorghum or Pigeonpea on a Vertisol in the Semi-Arid Tropics[J]. Soil Sci. Plant Nutr. ,1999,45(1):143-150.

[152] 农牧渔业部农业局.配方施肥技术工作要点[J].土壤肥料,1987(1):6-12.

[153] CHANDRASEKHRA REDDY K, RIAZUDDIN AHMED. Soil Test Based Fertilizer Recommendation for Maize Grown Inceptisols of Jagtiyal in Andhra Pradesh [J]. Journal of the Indian Society of Soil Science, 2000,48(1):84-89.

[154] HARIPRAKASA RAO M, SUBRAMANIAN. Fertilizer Needs of Vegetable Crops Based on Yield Goal Approach in Alfisols of Southern India[J]. Journal of the Indian Society of Soil Science,1994,42(4):565-568.

[155] PRASAD R,PRASAD B. Fertilizer Requirements for Specific Yield Targets of Soybean Based on Soil Testing in Alfisols[J]. Journal of the Indian Society of Soil Science,1996,44(2):332-333.

[156] TAMBOLI B D, PATIL Y M, BHAKARE P P, et al. Yield Targetting Approach for Fertiliza Recommendations to Wheat on Vertisol of Maharashtra[J]. Journal of the Indian Society of Soil Science,1996,44(1):81-84.

[157] TAMBOLI B D,SONAR K R. Soil Test - Based Fertilizer Requirement for Specific Yield Targets of Wheat and Chickpea in Vertisols[J]. Journal of the Indian Society

of Soil Science，1998,46(3)：472-473.

[158] 吕晓男.施肥模型的发展及其应用[C].中国土壤学会.迈向 21 世纪的土壤科学(浙江省卷).北京：中国环境科学出版,1999:164-166.

[159] OSMOND D L,RIHA S J. Nitrogen Fertilizer Requirements for Maize Produced in the Tropics：A Comparison of Three Computer-Based Recommendation System[J]. Agricultural Systems,1996(50):37-50.

[160] BAILEY J S, DILS R A, FOY R H, et al. The Diagnosis and Recommendation Integrated System (SRIS) for Diagnosing the Nutrient Status of Grassland Swards：III Practical Applications [J]. Plant and Soil,2000(222):255-262.

[161] SONAWANE S S, SONAR K R. Application of Mitscherlic-Bray Equation for Fertilizer Use in Peari Millet on Vertisol[J]. Journal of the Indian Society of Soil Science, 1995,43(2):276-277.

[162] GHOSH P C, MISRA U K. Modified Mitscherlich-Bray Equation for Calculation of Crop Response to Applied Phosphate[J]. Journal of the Indian Society of Soil Science, 1996,44(4):786-788.

[163] BANGAR A R. Fertilization of Sorghum Based on Modified Mitscherlich-Bray Equation Under Semi-Arid Tropics[J]. Journal of the Indian Society of Soil Science, 1998,46(3):383-391.

[164] SCHRODER J J,NEETESON J J, WITHAGEN J C M,et al. Effects of N Application on Agronomic and Environmental Parameters in Silage Maize Production on Sandy Soils[J]. Field Crops Research,1998(58):55-67.

[165] 张秀平.测土配方施肥技术应用现状与展望[J].宿州教育学院学报,2010,13(2)：163-166.

[166] 夏芳琴,郭天文,姜小凤.测土施肥研究进展[J].甘肃农业科技,2011(7):46-49.

[167] 贾良良,张朝春,江荣风.国外测土施肥技术的发展与应用[J].世界农业,2008(5)：60-63.

[168] 周习芳.淮北地区小麦施肥技术[J].安徽农业,2004(12):37.

[169] 孟新伟.氮、磷肥料对小麦生长和产量的影响[J].吉林农业,2010(12):144-145.

[170] BLACK A L. Long-term N-P Fertilization and climate influences on Morphology and yield component of spring wheat[J]. Agron. J. 1982(74):651-656.

[171] 吕晓男.施肥模型的发展及其应用[C].中国土壤学会.迈向 21 世纪的土壤科学(浙江省卷).北京：中国环境科学出版,1999:164-166.

[172] 刘文通,刘声元,郝景发.长春地区诊断施肥量计算公式中几个参数的探讨[J].土壤通报,1984,15(3):117-120.

[173] 张宽,赵景云,王秀芳,等.黑土供磷能力与磷肥经济合理用量问题的初步研究[J].土壤通报,1984(3):120-123.

[174] 朱兆良,张绍林,徐银华.平均适宜施氮量的含义[J].土壤,1986,18(6):316-317.

[175] 李录久,代敬,郭熙盛,等.淮北平原冬小麦平衡施肥技术研究[J].安徽农业科学,2009,37(29):14081- 14082.

[176] 皇甫蓓炯,许牧.小麦平衡施肥试验研究[J].新疆农业科学,2007,44(S2):198-199.

[177] 姜晓平,王俊梅,杨俊霞,等.磴口县小麦测土配方施肥应用效果调查与分析[J].现代农业,2007:30-31.

[178] 谢卫国,黄铁平,钟武云,等.测土配方施肥理论与实践[M].长沙:湖南科学技术出版社,2006.

[179] 杨彦程.农业测土配方施肥工作实务全书[M].长春:银声音像出版社,2005.

[180] 周伟娜,蒋远胜.1990～2005年中国玉米产出增长的主要影响要素分析[J].四川农业大学学报,2009,27(2):157-161.

[181] 黄涛,荣湘民,刘强,等.施肥模式对春玉米和小白菜的产量和品质的影响[J].湖南农业科学,2010(3):46-49.

[182] 王进军,柯福来,白鸥,等.不同施氮方式对玉米干物质积累及产量的影响[J].沈阳农业大学学报,2008,39(4):392-395.

[183] 方向前,张志华,李道红,等.吉林省高寒山区玉米平衡施肥效果分析[J].安徽农业科学,2009,37(12):5248,5435.

[184] 赖丽芳,吕军峰,郭天文,等.平衡施肥对春玉米产量和养分利用率的影响[J].玉米科学,2009,17(2):130-132.

[185] 吕军峰,郭天文,侯慧芝,等.平衡施肥对全膜双垄沟播春玉米产量及养分吸收规律的影响[J].安徽农业科学,2009,37(17):7922-7924,7946.

[186] 邢月华,韩晓日,汪仁,等.平衡施肥对玉米养分吸收、产量及效益的影响[J].中国土壤与肥料,2009,37(17):7922-7924,7946.

[187] 吕晓男.施肥模型的发展及其应用[C].中国土壤学会.迈向21世纪的土壤科学(浙江省卷).北京:中国环境科学出版,1999.

[188] 姜文彬,杨铁成,单文波.玉米诊断施肥技术的研究与应用.吉林农业大学学报[J].1986,8(4):62-68.

[189] 张大光,刘武仁,边秀芝,等.玉米测土施肥中几个主要参数及其应用的研究[J].吉林农业科学,1987(1):58-63.

[190] 吴丽侠,赵丽萍,杨桂莲,等.玉米"3414+S"田间施用效果分析[J].吉林农业,2011(1):30.

[191] 黄科,刘明月,吴秋云,等.氮磷钾施用量与辣椒产量的相关性研究[J].江西农业大学学报,2002,24(6):772-776.

[192] 黄科,刘明月,蔡雁平,等.氮磷钾施用量与辣椒品质的相关性研究[J].西南农业大学学报,2002,24(4):349-352.

[193] 朱青,李裕荣,尹迪信,等.辣椒平衡施肥试验研究[J].贵州农业科学,1999,27(6):22-24.

[194] 赵明镜,陈丹萍,尹华,等.花溪辣椒测土配方施肥试验[J].贵州农业科学,2007,35(3):64-66.

[195] 赵尊练,史联联,阎玉让,等.克服线辣椒连作障碍的施肥方案研究[J].干旱地区农业研究,2006,24(5):77-80.

[196] 夏兴勇,彭诗云,朱方宇,等.辣椒氮、磷、钾施肥效应模型初探[J].辣椒杂志,2009

(4):30-34,37.

[197] 董合林.我国棉花施肥研究进展[J].棉花学报,2007,19(5):378-384.

[198] 李富强.棉花施肥与产量关系[J].新疆农业科学,2007,44(S2):201-202.

[199] 李贵宝,孙克刚,焦有,等.棉花高产平衡施肥技术的试验示范[J].中国棉花,1997,24(5):13-14.

[200] 肖春芳.棉花平衡施肥技术研究[J].湖南农业科学,2010(3):55-57.

[201] 屈玉玲,庞烨,李武.永济市棉花"3414"平衡施肥试验研究[J].山西农业科学,2007,35(10):77-80.

[202] 袁金山,陈冰,贾宏涛.新疆库车县棉花平衡施肥参数的研究[J].中国棉花,2004,31(10):17-18.

[203] 史俊琴.平衡施肥对大豆产量及其构成因子的影响[J].现代化农业,2005(1):14-15.

[204] 沈建鹏,杨峰,周玲,等.黑龙江省拜泉试区大豆重迎茬减产机理及控制技术研究报告[J].大豆通报,2001(4):10,17.

[205] 刘颖,李玉影,刘凤阁,等.氮磷钾营养对高油大豆含氮化合物积累及产量的影响[J].大豆科学,2008,27(4):645-647,653.

[206] 章明清,林琼,彭嘉桂.闽东南旱地土壤镁肥肥效与钾镁平衡施肥技术研究[J].土壤肥料,1999(1):27-29,41.

[207] 苗艳芳,王春平,王澄澈,等.保护地番茄和黄瓜的营养特性及平衡施肥[J].洛阳农业高等专科学校学报,2000,20(3):28-30.

[208] 赵泽英,彭志良,王海,等.贵州省低热地区早春番茄平衡施肥数学模型研究[J].安徽农业科学,2007,35(23):7140-7141.

[209] 王翰霖,李建设.平衡施肥对宁夏银川日光温室番茄产量的影响[J].长江蔬菜,2009(8):62-66.

[210] 龙锦林,杨守祥,史衍玺.控释氮肥对温室番茄增产效应及利用率的研究[J].北方园艺,2003(5):38-40.

[211] 曹志洪.优质烟生产的土壤与施肥[M].南京:江苏科学技术出版社,1991.

[212] 段法尧,夏连胜,李文香,等.不同施肥处理对日光温室番茄光合指标及果实品质的影响[J].安徽农业科学,2007,35(31):9883,9944.

[213] 党翼,郭天文,吕军峰,等.陇东半干旱偏湿润区西瓜平衡施肥效应研究[J].甘肃农业科技,2011(1):37-39.

[214] 朱洪勋,张翔,沈阿林,等.西瓜需肥特点与平衡施肥研究[J].园艺学报 1996,23(2):145-149.

[215] 闫献芳,尹迪信,朱青,等.西瓜平衡施肥研究[J].贵州农业科学,1998,26(2):24-26.

[216] 杜虎平.西瓜杂交制种平衡施肥高产技术试验研究[J].榆林学院学报,2006,16(4):12-14.

[217] 徐福利,梁东丽,李小平,等.有机钾肥对西瓜、辣椒、烟草产量和品质的影响[J].西北农业学报,1997,6(4):59-61.

[218] 李云祥,王光英,万兵全,等.甘肃中部地区砂田西瓜平衡施肥效应及效益研究[J].土壤通报,2008,39(4):453-455.

[219] 赵明,李祥云,高峻,等.不同施肥量对西瓜和甜瓜幼苗生长及养分吸收的影响[J].中国蔬菜,2003(1):40-41.

[220] 高程达,孙向阳,刘克林信,等.杨树施肥技术研究综述[J].林业科技开发,1999,27(6):22-24.

[221] 刘继先,李伟.平衡施肥对紫花苜蓿产量和品质的影响[J].南方农业,2012,6(5):6-8.

[222] 姚殿立,李录久,丁楠,等.芝麻高产高效的平衡施肥技术研究[J].安徽农业科学,2009,37(18):8413-8414.

[223] 张天英,毕秋兰,李仕凯,等.平衡施肥对菊花产量的影响[J].农机服务,2009,26(12):40-41.

[224] 崔云玲,郭天文,李娟,等.花椒平衡施肥技术研究[J].西部林业科学,2003,35(4):112-114.

[225] 雍军,马戈.中宁县硒砂瓜绿色食品生产基地环境适应性评价[J].宁夏农林科技,2008(3):23-25.

[226] 戈敢.中国压砂田的发展与意义[J].农业科学研究,2009,30(4):52-54.

[227] 丁秀玲,许强.不同覆盖物下的农田地温和蒸发量对比[J].长江蔬菜,2010(20):27-32.

[228] 许强,强力,吴宏亮,等.砂田水热及减尘效应研究[J].宁夏大学学报,2009,3(2):180-182.

[229] 王菊兰.宁夏日光温室土壤性质变化规律的研究[D].银川:宁夏大学,2005.

[230] 张明炷,黎庆淮,石秀兰,等.土壤学与农作学[M].北京:中国水利水电出版社,1994:160-170.

[231] 鲍士旦.土壤农化分析[M].北京:中国农业出版社,2000:260-286.

[232] 林先贵.土壤微生物研究原理与方法[M].北京:高等教育出版社,2010:29-157.

[233] 李志洪,王淑华.土壤容重对土壤物理性质和小麦生长的影响[J].土壤通报,2000,31(2):55-57.

[234] 南志标,赵红洋,聂斌.黄土高原土壤紧实度对蚕豆生长的影响[J].应用生态学报,2002,13(8):935-938.

[235] 贾芳,樊贵盛.土壤质地与田间持水率关系的研究[J].山西水土保持科技,2007(3):17-19.

[236] 钱胜国.田间持水量与土壤机械组成的相关特性[J].土壤通报,1981(5):12-14.

[237] 杨丽娟,李天来,付时丰,等.长期施肥对菜田土壤微量元素有效性的影响[J].植物营养与肥料学报,2006,12(4):549-553.

[238] 喻敏,余均沃,等.百合连作土壤养分及物理性状分析[J].土壤通报,2004,35(3):377-379.

[239] 程季珍,亢青选,张春霞,等.山西菜田土壤养分状况及主要蔬菜的平衡施肥[J].植物营养与肥料,2003,9(1):117-122.

[240] 程季珍.菜田养分诊断与施肥[M].太原:山西科学技术出版社,1997.

[241] 杜新民,吴忠红,张永清,等.不同种植年限日光温室土壤盐分和养分变化研究[J].水

土保持学报,2007,21(2):78-80.

[242] 浙江农业大学.植物营养与肥料[M].北京:农业出版社,1991.

[243] 孟立君.设施不同种植年限土壤酶活性及其与土壤肥力关系的研究[D].哈尔滨:东北农业大学,2004:48-59.

[244] 朱辉娟.关中地区设施农业土壤基础肥力与酶活性关系[D].杨凌:西北农林科技大学士,2009:5.

[245] 叶彦辉.黄土高原农林复合系统景观边界土壤养分、微生物和酶活性的研究[D].杨凌:西北农林科技大学,2007:6.

[246] 关松荫.土壤酶及其研究法[M].北京:农业出版社,1986.

[247] 曹永红.不同生长年限的苜蓿生物学特性及草地水肥性状变化的研究[D].杨凌:西北农林科技大学,2008.

[248] 孙权,王静芳,王振平.宁夏贺兰山东麓酿酒葡萄基地土壤酶活性[J].土壤通报,2008,39(2):304-308.

[249] 王忠和.草莓普通大棚抑制栽培[J].落叶果树,1999(2):37.

[250] 沙海宁,孙权,周明,等.宁夏贺兰山东麓酿酒葡萄园土壤酶活性分析[J].中外葡萄与葡萄酒,2010(3):13-17,22.

[251] HOFMANN E. Recent progress in Microbiology[M].[s. l.]:[s. n.], 1963, 8:216.

[252] ZANTUA M I,BREMNER J M. Soil Biol[J]. Biochem,1977(9):135-140.

[253] 刘满强,胡锋,何园球,等.退化红壤不同植被恢复下土壤微生物量季节动态及其指示意义[J].土壤学报,2010(3):13-17,22.

[254] 薛亮,马忠明,杜少平,等.连作对甘肃砂地西瓜土壤质量的影响[C].土壤资源持续利用与生态环境安全学术会议论文集.[s. l.]:[s. n.],2009:212-219.

[255] 李文革,刘志坚,谭周进,等.土壤酶功能的研究进展[J].湖南农业科学,2006(6):34-36.

[256] 张蕾,赵英,王秀全,等.土壤生态改良对农田老参地土壤酶活性的影响[J].人参研究,2012(2):21-24,36.

[257] 刘志良,郑诗樟,石和芹.丘陵红壤不同植被恢复方式下土壤酶活性的研究[J].江西农业学报,2006,18(6):91-94.

[258] 白翠霞,耿玉清,余新晓,等.八达岭山地次生林土壤养分与磷酸酶活性研究[J].中国水土保持科学,2006,4(4):52-55.

[259] 王艳.川西北草原土壤退化沙化特征及成因分析——以红原县为例[D].重庆:西南农业大学,2005.

[260] 李光录.黄土高原南部土壤退化机理研究[J].云南环境科学,2000,19(增刊):89-92.

[261] 周华坤,赵新全,温军,等.黄河源区高寒草原的植被退化与土壤退化特征[J].草业学报,2000,21(5):1-11.

[262] 李新宇,唐海萍,赵云龙,等.怀来盆地不同土地利用方式对土壤质量的影响分析[J].水土保持学报,2004,18(6):103-107.

[263] 黄成敏.化肥施用与土壤退化[J].资源开发与市场,2006,16(6):348-350.

[264] 单洪伟,葛文锋,荣建东.东北黑土区土壤退化表现及产生因素分析[J].黑龙江水利

科技,2009,37(4):199.

[265] 李绍良,陈有君,关世英.土壤退化与草地退化关系的研究[J].干旱区资源与环境,2002,16(1):92-95.

[266] 张荣群,刘黎明,张凤荣.我国土壤退化的机理与持续利用管理研究[J].地域研究与开发,2000,19(3):52-54.

[267] 杨旭东,白云岗,张江辉,等.塔里木盆地棉花水分生产函数模型研究[J].南水北调与水利科技,2008,4(6):110-112.

[268] 金建华,孙书洪,王仰仁,等.棉花水分生产函数及灌溉制度研究[J].节水灌溉,2011(2):46-48.

[269] 郑健,蔡焕杰,王健,等.日光温室西瓜产量影响因素通径分析及水分生产函数[J].农业工程学报,2009,25(10):30-34.

[270] KIRDA C. Deficit irrigation scheduling based on plant growth stages showing water stress tolerance[C]. In:Deficit Irrigation Practices. 2002. Water Reports 22,FAO,Rome:102.

[271] CABELGUENNE M,DEBAEKE P,BOUNIOLS A. EPICphase,a version of the EPIC model simulating stages:validation on maize,sunflower,sorghum,soybean and winter wheat [J]. Agricultural Systems,1999(60):175-196.

[272] 王加蓬,蔡焕杰,王健,等.温室膜下滴灌甜瓜需水量与水分生产函数研究[J].灌溉排水学报,2009,28(2):45-47.

[273] 孙宇光,王立坤,马永胜,等.半干旱区甜菜水分生产函数试验研究[J].节水灌溉,2009(3):12-14.

[274] 梁银丽,山仑,康绍忠.黄土旱区作物-水分模型[J].水利学报,2000(9):86-90.

[275] 沈晖,田军仓,宋天华.水肥耦合对压砂地膜下滴灌甜瓜的产量效应研究[J].中国农村水利水电,2011(10):15-18.

[276] 葛岩,周林蕻,张更元.沈阳地区冬小麦水分生产函数与水分敏感指标的初步研究[J].沈阳工业大学学报,2003,34(2):131-134.

[277] 孔德杰,张源沛,郑国保.不同灌水次数对日光温室辣椒土壤水分动态变化规律的影响[J].节水灌溉,2011(2):14-15.

[278] 武朝宝.冬小麦不同土壤水分控制下限灌溉试验研究[J].山西水利科技,2009(2):78-80.

[279] 韩娜娜,王仰仁,孙书洪.灌水对冬小麦耗水量和产量影响的试验研究[J].节水灌溉,2010(4):4-7.

[280] 胡顺军,王仰仁,康绍忠,等.棉花水分生产函数 Jensen 模型敏感指数累积函数研究[J].沈阳农业大学学报,2004,35(5-6):423-425.

[281] 王克全,付强,季飞,等.查哈阳灌区水稻水分生产函数模型及其应用试验研究[J].灌溉排水学报,2008,27(3):109-111.

[282] 马忠明,杜少平,薛亮.砂田西瓜甜瓜生产现状、存在的问题及其对策[J].中国瓜菜,2010,23(3):60-63.

[283] 中国园艺学会西瓜甜瓜专业委员会等.宁夏中卫环香山地区——我国规模最大的纯

天然绿色食品砂田西瓜甜瓜生产基地考察记实[J].中国西瓜甜瓜,2004(5):44-45.

[284] 刘德先,周光华.西瓜生产技术大全[M].北京:中国农业出版社,2000:188-189.

[285] 喻景权,杜尧舜.蔬菜设施栽培可持续发展中的连作障碍问题[J].沈阳农业大学学报,2000,31(1):124-126.

[286] 李楠楠,张忠学.黑龙江半干旱区玉米膜下滴灌水肥耦合效应试验研究[J].中国农村水利水电,2010(6):88-94.

[287] 韩丙芳,田军仓,杨金忠,等.膜侧灌甜菜水肥耦合产量效应研究[J].中国农村水利水电,2008(3):39-43.

[288] 沈晖,田军仓,宋天华.旱区老压砂地甜瓜配方施肥技术研究[J].灌溉排水学报,2011,30(5):99-102.

[289] 李应海.膜上灌技术研究[D].银川:宁夏大学,2006.

[290] 潘丽军,陈锦权.试验设计与数据处理[M].南京:东南大学出版社,2008:221-232.

[291] 田军仓.干旱地区节水灌溉与扬水灌区灌溉调配智能决策支持系统研究[M].银川:宁夏人民出版社,2002:63-80.

[292] 李云燕,胡传荣.试验设计与数据处理[M].北京:化学工业出版社,2008:190-199.

[293] 田军仓,韩丙芳,李应海,等.膜上灌玉米水肥耦合模型及其最佳组合方案研究[C].中国农业工程学会农业水土工程专业委员会第三届学术研讨会论文集.[s.l.]:[s.n.],2004.

[294] 田军仓,郭元裕,彭文栋.苜蓿水肥耦合模型及其优化组合方案研究[J].武汉水利电力大学学报,1997,30(2):18-22.

[295] 牛建钢.中频反应磁控溅射制备氮化锆薄膜及颜色制备工艺参数研究[D].保定:河北农业大学,2006.

[296] 任露泉.回归设计及其优化[M].北京:科学出版社,2009:59-70.

[297] 李云祥,王光英,万兵全,等.甘肃中部地区砂田西瓜平衡施肥效应及效益研究[J].土壤通报,2008,39(2):453-455.

[298] 马文娟,同延安,高义民,等.平衡施肥对线辣椒产量、品质及养分积累的影响[J].西北农林科技大学学报,2010,38(1):61-166.

[299] 段立武.环香山地区硒砂瓜产业发展中存在的问题及对策[J].宁夏农林科技,2007(5):169-170.

[300] 马波.干旱地区压砂地西瓜作物模型及专家系统研究[D].银川:宁夏大学,2010.

[301] 苗楠.压砂地土壤水分亏缺与西瓜产量响应关系模型试验研究[D].银川:宁夏大学,2009.

[302] 程臻赟.压砂地土壤水分亏缺与西瓜产量响应关系模型实验研究[D].银川:宁夏大学,2010.

[303] 宋天华.香山压砂地西瓜水分生产函数与土壤水分下限试验研究[D].银川:宁夏大学,2011.

后　记

在本书完成之际,作者首先要感谢在宁夏大学攻读博士学位期间导师田军仓教授认真细致的指导及精心传授的知识。田老师渊博的知识、严谨的治学态度、细致入微的教导,鼓舞我不断探索,并顺利完成了本书的研究工作。从他身上本人不仅学到了许多新知识、新思想和新方法,更重要的是懂得了如何做人。在此,谨向尊敬的导师田军仓教授致以我最崇高的敬意和最衷心的感谢。同时衷心感谢师母罗奕梅老师在学习上和精神上给予的关心和照顾。

作者还要感谢宁夏大学张维江教授、孟云芳教授、孙兆军教授及李春光教授对本书研究选题和实施方案提出了许多宝贵的意见和建议,为此向各位老师致以诚挚的谢意!

在野外试验期间,得到了王斌、马波、赵小勇、李王成、谭军利等老师的极大支持和倾心帮助,谨此致以最崇高的敬意和最崇高的感谢! 同时,也衷心的感谢宁夏大学宋天华、何进宇、马亮、程臻赟、白晓宁、王怀博等硕士研究生在野外采样和试验过程中付出了辛勤的劳动。

在本书撰写期间,冯克鹏、韩丙芳等老师给予了很大的帮助,在此向他们表示深深的谢意。

此外,还要深深感谢一直默默奉献和鼓励我的家人,是他们的理解和支持使我不畏艰难、积极进取,顺利完成本书的撰写。谨以此书作为我对他们最好的回报和礼物。

至此本书完成之际,谨向导师田军仓教授再次致以我最崇高的敬意和最衷心的感谢!

谨向在作者研究过程中曾经给予关心、帮助和支持的老师、同学、亲人和朋友致以最诚挚的谢意!